Wissenschaftliche Reihe Fahrzeugtechnik Universität Stuttgart

Reihe herausgegeben von

André Casal Kulzer, Stuttgart, Deutschland

Hans-Christian Reuss, Stuttgart, Deutschland

Andreas Wagner, Stuttgart, Deutschland

Das Institut für Fahrzeugtechnik Stuttgart (IFS) an der Universität Stuttgart forscht interdisziplinär sowie technologieoffen an modernen und zukunftsorientierten Fahrzeugkonzepten. In enger Zusammenarbeit mit Partnern aus Industrie und Wissenschaft entstehen neue Lösungen für die Mobilität der Zukunft. Das Institut gliedert sich in drei spezialisierte Lehrstühle, die gemeinsam das gesamte Spektrum der Fahrzeugtechnik abdecken: Der **Lehrstuhl für Fahrzeugantriebssysteme** widmet sich der Forschung nachhaltiger Antriebslösungen für künftige Mobilitätskonzepte. Im Fokus stehen alternative, elektrische sowie hybride Antriebssysteme und deren Komponenten – einschließlich der Nutzung nachhaltiger Energieträger wie Wasserstoff, synthetischer Kraftstoffe und Batterien. Der **Lehrstuhl für Kraftfahrzeugmechatronik** beschäftigt sich mit vernetzten, intelligenten und adaptiven Fahrzeugen. Im Zentrum stehen Fragestellungen zum Automatisierten und Vernetzten Fahren, Diagnose, Ladetechnologien, verteilte Systeme sowie softwarebasierte Fahrzeugfunktionen. Der **Lehrstuhl für Kraftfahrwesen** erforscht die physikalischen Grundlagen der Auslegung zukünftiger Fahrzeugkonzepte. Im Mittelpunkt stehen die Bereiche Aerodynamik, Windkanaltechnik, Akustik/NVH, Fahrzeugdynamik, Reifenmanagement und Thermomanagement Gesamtfahrzeug. Das IFS verfügt über eine vielfältige und hochmoderne Forschungsinfrastruktur, die realitätsnahe Untersuchungen vom Einzelbauteil bis zum Gesamtfahrzeug ermöglicht. Besonders hervorzuheben sind der Multikonfigurations- und Antriebsprüfstand für komplexe Antriebskonzepte, der Stuttgarter Fahrsimulator zur Untersuchung menschlichen Fahrverhaltens, der Aeroakustik-Fahrzeugwindkanal für akustische und strömungstechnische Fragestellungen sowie der Thermowindkanal zur Analyse thermischer Prozesse im Gesamtfahrzeug. Die wissenschaftliche Reihe „Fahrzeugtechnik Universität Stuttgart" dokumentiert die im Rahmen von Promotionen am IFS entstandene Beiträge zur Mobilität der Zukunft und zeigt deren thematische Vielfalt, methodische Tiefe und Praxisrelevanz.

Reihe herausgegeben von

Prof. Dr.-Ing. André Casal Kulzer
Lehrstuhl für Fahrzeugantriebssysteme
Institut für Fahrzeugtechnik Stuttgart
Universität Stuttgart
Stuttgart, Deutschland

Prof Dr.-Ing. Andreas Wagner
Lehrstuhl für Kraftfahrwesen
Institut für Fahrzeugtechnik Stuttgart
Universität Stuttgart
Stuttgart, Deutschland

Prof. Dr.-Ing. Hans-Christian Reuss
Lehrstuhl für
Kraftfahrzeugmechatronik
Institut für Fahrzeugtechnik Stuttgart
Universität Stuttgart
Stuttgart, Deutschland

Miralem Saljanin

Optimierungsbasierte Trajektorienplanung und robuste Trajektorienfolgeregelung für hochautomatisierte Fahrzeuge

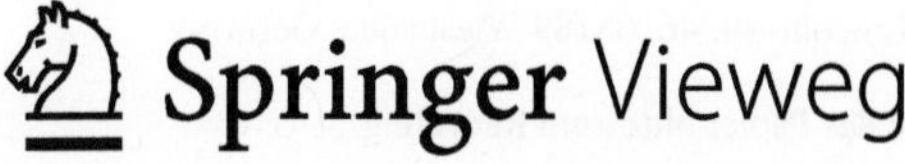

Miralem Saljanin
IFS, Fakultät 7, Lehrstuhl für
Kraftfahrwesen
Universität Stuttgart
Stuttgart, Deutschland

Zugl.: Dissertation Universität Stuttgart, 2025
D93

ISSN 2567-0042   ISSN 2567-0352 (electronic)
Wissenschaftliche Reihe Fahrzeugtechnik Universität Stuttgart
ISBN 978-3-658-51446-4   ISBN 978-3-658-51447-1 (eBook)
https://doi.org/10.1007/978-3-658-51447-1

Die Deutsche Nationalbibliothek verzeichnet diese Publikation in der Deutschen Nationalbibliografie; detaillierte bibliografische Daten sind im Internet über https://portal.dnb.de abrufbar.

Planung/Lektorat: Carina Reibold
Springer Vieweg ist ein Imprint der eingetragenen Gesellschaft Springer Fachmedien Wiesbaden GmbH und ist ein Teil von Springer Nature.
Die Anschrift der Gesellschaft ist: Abraham-Lincoln-Str. 46, 65189 Wiesbaden, Germany

Vorwort

Die vorliegende Arbeit entstand während meiner Tätigkeit als wissenschaftlicher Mitarbeiter am Institut für Fahrzeugtechnik Stuttgart (IFS) der Universität Stuttgart im Bereich Fahrzeugtechnik und Fahrdynamik.

Mein besonderer Dank gilt Herrn Prof. Dr.-Ing. A. Wagner für die wissenschaftliche Betreuung der Arbeit und die Übernahme des Hauptberichts. Herrn Prof. Dr.-Ing. M. Hanss danke ich für die freundliche Übernahme des Mitberichts.

Herzlich bedanken möchte ich mich bei Herrn Dr.-Ing. Jens Neubeck für sein stets offenes Ohr, für das mir entgegengebrachte Vertrauen, die gebotene wissenschaftliche Freiheit und die tolle Zusammenarbeit im Laufe der letzten Jahre. Mein großer Dank gilt auch Herrn Dr.-Ing. Sven Müller für die konstruktiven Diskussionen und die gemeinsamen (Über-)Stunden am flexCAR.

Weiterhin möchte ich allen Kolleginnen und Kollegen des IFS und des FKFS für die familiäre Arbeitsatmosphäre, die Hilfsbereitschaft und die großartige Zusammenarbeit meinen herzlichen Dank aussprechen. Ohne euch wäre diese Zeit nicht dieselbe gewesen. Bei meinem Bürokollegen, Herrn M.Sc. Laurin Ludmann, möchte ich mich herzlichst für die vielen unterhaltsamen Arbeitsstunden bedanken. Für die wertvollen Diskussionen rund um die Fahrdynamik möchte ich mich sehr bei Herrn Dr.-Ing. Daniel Zeitvogel und Herrn M.Sc. Victor Mappes bedanken.

Außerdem möchte ich mich bei all meinen Studierenden bedanken, die durch ihre studentischen Arbeiten und Hilfstätigkeiten wesentlich zum Gelingen dieser Arbeit beigetragen haben.

Zuletzt möchte ich mich ganz herzlich bei meiner Familie bedanken. Ohne ihren unermesslichen Rückhalt, ihre liebevolle Unterstützung und ihre Geduld wären diese Arbeit und mein Studium nicht möglich gewesen.

Diese Arbeit ist meinen Eltern gewidmet.

Stuttgart, 23. Februar 2026   Miralem Saljanin

Inhaltsverzeichnis

Abbildungsverzeichnis

Tabellenverzeichnis

Abkürzungsverzeichnis

BIBO	Bounded-Input Bounded-Output
DARPA	Defense Advanced Research Projects Agency
DDS	Data Distribution Service
dof	Degree of Freedom
EL	Exakte Linearisierung
ESM	Einspurmodell
ET	Eingangs-Transformation
FAS	Fahrerassistenzsystem
FKFS	Forschungsinstitut für Kraftfahrwesen und Fahrzeugmotoren Stuttgart
GPF	Generalized Plant Framework
GPS	Global Positioning System
GSA	Globale Sensitivitätsanalyse
HA	Hinterachse
HAF	Hochautomatisiertes Fahren
IFS	Institut für Fahrzeugtechnik Stuttgart
KOSY	Koordinatensystem
LDM	Lyapunovs Direkte Methode
LFT	Linear Fractional Transformation
LiDAR	Light Detection and Ranging
LMPC	Linear Model Predictive Control
LQR	Linear-Quadratic-Regulator
LSA	Lokale Sensitivitätsanalyse

LTI	Linear Time-Invariant
LTV	Linear Time-Variant
MIMO	Multiple-Input Multiple-Output
MPC	Model Predictive Control
NMPC	Nonlinear Model Predictive Control
NP	Nominelle Performanz
NS	Nominelle Stabilität
OCP	Optimal Control Problem
OEM	Original Equipment Manufacturer
PATH	California Partners for Advanced Transit and Highways
PID	Proportional-Integral-Derivative
PP	Pure-Pursuit
RADAR	Radio Detection and Ranging
RMPC	Robust Model Predictive Control
RP	Robuste Performanz
RRT	Rapidly-exploring Random Tree
RS	Robuste Stabilität
RTK	Real-Time Kinematic
SAE	Society of Automotive Engineers
SISO	Single-Input Single-Output
SLAM	Simultaneous Localization and Mapping
SMC	Sliding-Mode-Control
VA	Vorderachse

Symbolverzeichnis

Grundsätzlich werden physikalische Größen in SI-Einheiten aufgeführt. Allerdings werden zum besseren Textverständnis auch die im jeweiligen Kontext gebräuchlichen Einheiten benutzt, wie z.B. km/h oder $^\circ$.

Lateinische Buchstaben

A	Dynamikmatrix	-
a_x	Fahrzeuglängsbeschleunigung	$\mathrm{m/s^2}$
$a_{x,\text{Stör}}$	Störende Fahrzeuglängsbeschleunigung	$\mathrm{m/s^2}$
a_y	Fahrzeugquerbeschleunigung	$\mathrm{m/s^2}$
B	Eingangsmatrix	-
C	Ausgangsmatrix	-
c_W	Strömungswiderstandskoeffizient	-
d	Vektor der Störgrößen	-
E	Störmatrix bzw. Eingangsmatrix für Störungen	-
e_κ	Krümmungsfehler	$\mathrm{m^{-1}}$
e_l	Positionsfehler	m
e_ψ	Gierwinkelfehler	rad
$e_{\dot\psi}$	Gierratenfehler	rad/s
f	Frequenz	Hz
F_a	Beschleunigungskraft	N
F_L	Längskraft	N
F_LW	Luftwiderstandskraft	N
F_N	Normalkraft	N
f_R	Rollwiderstandskoeffizient	-
F_R	Rollwiderstandskraft	N
F_S	Seitenkraft	N
F_St	Widerstandskraft aufgrund von Steigung	N
F_W	Widerstandskräfte	N
$F_{y,\text{Stör}}$	Störende Seitenkraft	N
F_Z	Notwendige Zugkraft	N

$G(s)$	Übertragungsfunktion im Eingrößenfall (bzw. Übertragungsmatrix im Mehrgrößenfall) der modellierten Regelstrecke	-
$K(s)$	Übertragungsfunktion des Reglers	-
I	Einheitsmatrix	-
I_z	Gierträgheitsmoment des Fahrzeugs	$kg \cdot m^2$
J	Kostenfunktion	-
K_d	Differentialer Verstärkungsfaktor	-
K_i	Integraler Verstärkungsfaktor	-
K_p	Proportionaler Verstärkungsfaktor	-
l	Radstand	m
l_d	"look-ahead" Distanz	m
l_h	Abstand der Hinterachse zum Schwerpunkt	m
$L(s)$	Übertragungsfunktion des offenen Regelkreises	-
l_{SP}	Lage des Schwerpunkts	m
l_v	Abstand der Vorderachse zum Schwerpunkt	m
M	Radmoment	Nm
m	Fahrzeugmasse	kg
$M_{z,\mathrm{Stör}}$	Störendes Moment um die Fahrzeughochachse	Nm
N	Diskreter Prädiktionshorizont	-
n	Messrauschen	-
$P(s)$	Übertragungsfunktion der verallgemeinerten Regelstrecke	-
p_x	x-Koordinate des Pfads	m
p_y	y-Koordinate des Pfads	m
Q	Gewichtsmatrix bzgl. des Zustands	-
R	Gewichtsmatrix bzgl. der Stellgröße	-
r	Vektor der Referenz- oder Führungsgrößen	-
r_{dyn}	Dynamischer Radhalbmesser	m
s	Zurückgelegte Strecke	m
s	Relaxationsvektor	-
$S(s)$	Übertragungsfunktion der Sensitivtät	-
T	Zeitlicher Prädiktionshorizont	s
t	Zeit	s
t_0	Initiale Zeit	s

$T(s)$	Übertragungsfunktion der komplementären Sensitivtät	-
u	Entscheidungsvektor oder Stellgröße eines Systems	-
u_0	Anfängliche Stellgröße des Reglers	-
v	Resultierende Fahrzeuggeschwindigkeit	m/s
v_x	Fahrzeuglängsgeschwindigkeit	m/s
v_y	Fahrzeugquergeschwindigkeit	m/s
w	Störvektor eines Systems	-
$W(s)$	Gewichtungs funktion	-
X	X-Positionskoordinate des Fahrzeugs	m
x	Zustandsvektor eines Systems	-
x_0	Anfänglicher Zustand	-
Y	Y-Positionskoordinate des Fahrzeugs	m
y	Ausgangsvektor eines Systems	-
Z	Gewichtsmatrix bzgl. des finalen Zustands	-
z	Ausgangsvektor zur Beschreibung der Performanz eines Regelkreises im GPF	-

Griechische Buchstaben

α	Schräglaufwinkel	rad
α_{St}	Steigwinkel der Fahrbahn	rad
β	Schwimmwinkel	rad
Δ	Unsicherheitsmatrix	-
δ	Radlenkwinkel	rad
$\dot{\delta}$	Radlenkwinkelgeschwindigkeit	rad/s
$\dot{\delta}^{Ist}$	Tatsächliche Radlenkwinkelgeschwindigkeit	rad/s
δ^{Ist}	Tatsächlicher Radlenkwinkel	rad
δ^{Soll}	Gewünschter Radlenkwinkel	rad
κ	Pfadkrümmung	m^{-1}
$\dot{\kappa}$	Änderungsrate der Pfadkrümmung	$(m \cdot s)^{-1}$
λ	Kosten für die Relaxationsvariablen	-
μ	Kraftschlussbeiwert	-
μ_Δ	Strukturierter Singulärwert	-
ω	Kreisfrequenz	Hz

ψ	Gierwinkel	rad
$\dot{\psi}$	Gierwinkelgeschwindigkeit	rad/s
ρ	Luftdichte	kg/m^3
σ	Einlauflänge	m
τ	Totzeit	s

Indizes

dyn	Dynamisch
ges	Gesamt
h	Hinten
HL	Hinten links
HR	Hinten rechts
lin	Linear
max	Maximum
min	Minimum
nonlin	Nichtlinear
ref	Referenz
res	Resultierende
stat	Statisch
tats	Tatsächlich
v	Vorne
VL	Vorne links
VR	Vorne rechts
x	Wirkungsweise in x-Koordinatenrichtung
y	Wirkungsweise in y-Koordinatenrichtung
z	Wirkungsweise in z-Koordinatenrichtung

Abstract

For a long time, vehicles were simply seen as a means of transportation that enhanced human life quality, flexibility, mobility, and independence. Predictions suggest that the global number of vehicles, which stood at 1.2 billion in 2020, could rise to about 2 billion by 2050, leading to increased traffic and higher CO_2 emissions. Advances in automated and autonomous driving aim to enhance safety, efficiency, and comfort. In addition to promoting new drive technologies to reduce CO_2 emissions, automation and connectivity are seen as key enabling technologies with significant societal potential. They could significantly reduce the number of traffic accidents, improve road safety, efficiency, and comfort, and enable novel mobility concepts. For this reason, there is an increasing trend toward automated, connected, and autonomous vehicles, in which the car is no longer regarded merely as a means of transport. Rather, it can be seen as a computer on wheels, where driver assistance systems - and more broadly, vehicle software - play a central role.

To understand the technical requirements behind this transformation, it helps to look at how humans drive. The interaction between driver and vehicle can be viewed as a control problem: the driver predicts and plans a path, then constantly adjusts to disturbances like crosswinds or sudden changes in road conditions. This results in two central tasks. First, trajectory planning, where a suitable reference trajectory is generated that respects the vehicle dynamics. Second, trajectory tracking control, where the vehicle is stabilized along the planned trajectory. A trajectory describes not only the spatial path but also its temporal progression.

Despite substantial progress, current trajectory planners and controllers still fall short. One common issue is the oversimplified handling of vehicle dynamics. Many current planning methods model longitudinal and lateral dynamics independently of each other. While this separation may work for specific driving maneuvers, it neglects the strong interaction between longitudinal and lateral movements. This simplified modeling can lead to unfeasible trajectories in critical situations. Another major concern is robustness. Most tracking controllers rely on fixed, deterministic vehicle models, assuming parameters like mass remain constant. However, many of these parameters fluctuate significantly in reality, for example due to varying loads, tire pressure, or aging effects. If such uncertainties are not considered during controller design, it can lead to an unstable control behavior.

This work therefore focuses on developing a novel control concept for highly automated vehicles that specifically addresses these issues. Two topics are particularly emphasized: first, the planning of optimal, predictive trajectories that account for coupled longitudinal and lateral vehicle dynamics; and second, trajectory tracking control. Due to the safety-critical nature of highly automated driving, the robustness of the controller is particularly focused to ensure stability under varying conditions.

The concept of highly automated driving dates back to the late 1950s with General Motors developing an early automated vehicle but the technology didn't advance significantly due to limited traffic density and underdeveloped sensor and computing technologies. Interest in highly automated driving has surged in recent decades thanks to improvements in sensor technology and computing power. This field offers potential societal benefits like reducing traffic accidents and enabling new mobility concepts such as mobility as a service and working while driving. Significant research efforts have been made since the late 1980s, including the PATH program in California that focused on individual and fleet vehicle automation. The PROMETHEUS project (1987-1995), funded by the European Commission, was a major initiative involving universities, car manufacturers, and technology companies to develop technologies like collision avoidance, environmental sensing, and image processing. Nowadays, Tesla and Waymo have made significant advancements in autonomous vehicle technology, with Tesla pioneering in deploying autopilot features in consumer vehicles while Waymo has reached important milestones in fully autonomous driving, including offering a fully autonomous taxi service.

As highly automated driving has evolved, control algorithms have become increasingly critical to the functionality and safety of such vehicles. An evaluation of widely used control algorithms led to the following result:

- **PID**: Widely used due to its simple implementation and low computational demand. However, its application requires vehicle-specific parameter tuning, which is both complex and costly.

- **Pure-Pursuit**: Straightforward to implement and tune, making it popular in automated driving. The effectiveness of PP decreases at higher speeds, and the look-ahead distance must be carefully tuned to avoid oscillations or curve-cutting.

- **Stanley**: Computes the steering angle based on the vehicle's orientation relative to the path. It does not require a look-ahead distance, simplifying implementation.

- **Nonlinear Control**: These include various techniques to account for vehicle dynamics more accurately, but require a deep understanding of vehicle dynamics and control theory.

- **Linear-Quadratic Regulator (LQR)**: Optimizes a quadratic cost function to achieve desired behavior. It is intuitive to use but relies on accurate vehicle models and lacks robustness to modeling uncertainties.

- **Model Predictive Control (MPC)**: Optimizes control inputs with respect to constraints on the vehicle's state and actuators. However, it is computationally demanding.

- H_∞: Provides mathematical guarantees for robustness against modeling uncertainties. The complexity and higher-order nature of the resulting controllers make them challenging to implement.

- **Sliding-Mode Control (SMC)**: Robust control technique. Can cause actuator wear due to high-frequency switching (chattering). Extensions to SMC can mitigate this issue.

In chapter 3 the overall control architecture is derived. The control concept must meet several key requirements, e.g. real-time capability, robustness and scalability, stable and predictive driving, constraint satisfaction and latency compensation. To meet the requirements, MPC is selected as suitable algorithm for trajectory planning due to its predictive capabilities, suitability for nonlinear systems, and ability to handle constraints explicitly. Model predictive control can be roughly divided into open-loop and closed-loop approaches. The closed-loop optimization method optimizes both the control action and its impact on the vehicle state. With the ability to consider uncertainties, it would be the ideal approach for highly automated driving. However, its practical implementation is limited due to high modeling costs and the even higher computational demands. On the contrary, open-loop MPC lacks robustness, leading to the adoption of hierarchical control concepts that distribute the driving task across different control levels. To satisfy the real-time requirements, an open-loop MPC approach is developed for trajectory planning. Those trajectories are then stabilized by underlying H_∞ controllers that guarantee robustness against modeling uncertainties. The final control concept integrates these elements into a three-layer model after Donges: navigation, guidance, and stabilization. Navigation involves route planning without considering vehicle physics. Trajectory planning considers vehicle dynamics and safety aspects. Stabilization implements trajectory commands, stabilizing the vehicle against external disturbances. The resulting control concept is illustrated in Fig. 3.2.

In Chapter 4, an open-loop MPC scheme is developed that iteratively linearizes the nonlinear equations of motion of the vehicle. This allows the resulting optimization problem to be solved using the highly efficient quadratic optimizer OSQP. The MPC takes into account the sluggish steering dynamics, compensating for the time delay between the command and the actual adjustment of the steering angle through prediction. Additionally, both the steering angle and steering angle rate are constrained and included in the optimization problem. From a vehicle dynamics perspective, maintaining stability requires controlling the side-slip angle at the front and rear axles. Therefore, these angles are limited at both axles to keep the lateral tire forces within the linear operating range. Moreover, the available traction potential must be considered based on these lateral forces. Depending on this, the possible longitudinal acceleration is calculated. Consequently, this limitation that can be expressed using Kamm's friction circle, is included as an additional dynamic constraint. To ensure the feasibility of the optimization problem, slack variables are introduced for the side-slip angles and the traction potential. These variables allow the constraints to be slightly exceeded, maintaining the feasibility of the optimization problem.

Chapter 5 deals with the design of robust H_∞-controller. First, different types of uncertainties in modeling are explained. Then, the controller design for vehicle longitudinal and lateral control is presented, taking into account parametric and dynamic uncertainties. The influence of parametric and dynamic uncertainties on the yaw rate transfer function is illustrated in Fig. 5.9. For controller design, the mixed-sensitivity approach is used to impose frequency-dependent requirements on the closed-loop control system. Both the H_∞-synthesis and the μ-synthesis are introduced as controller design methods. In this regard, the structured singular values (SSV) are explained as powerful mathematical tool to evaluate robust stability and performance of the final closed-loop controller. Finally, robust longitudinal and lateral controller are designed that guarantee robust performance against the described uncertainties.

In Chapter 6, the overall control concept is evaluated using various application examples:

- **Application 1:** Urban traffic scenario

- **Application 2:** Highway lane-change

- **Application 3:** Highway lane-change under crosswind

- **Application 4:** Experimental driving test in Arena2036

At the time of this work, there is no test field for higher speeds and no test vehicle capable of reaching higher speeds available. Therefore, the control concept for the dynamic application examples 1-3 will be evaluated in simulation. The validated nine-mass model by Ahlert is used as the vehicle simulation model. The experimental driving tests were conducted using the flexCAR test vehicle, as shown in Fig. 6.1. The rolling chassis flexCAR is a publicly funded project with partners from industry and academia. The platform was specifically designed for high modularity, flexibility, and upgradeability. It is an all-electric, fully symmetrical X-by-wire platform. It is equipped with four permanent magnet electric motors located near the wheels. Steering on both the front and rear axles provides high maneuverability. The use of double wishbone suspension on both axles keeps the flexCAR's height low. The basic driving functions and vehicle state estimation run on the electronic control unit (ECU), specifically the dSpace MicroAutobox 2 (MAB2). Actuators for steering, drive, and braking are connected via CAN. The overall hardware architecture is illustrated in Fig. 6.2. Due to the relatively weak processor in MAB2 and the computational intensity of optimization-based trajectory planning, this task is offloaded to a separate computer. Control signals are sent to MAB2 over Ethernet, which also receives the measured and estimated position and the current vehicle state. In Fig. 6.3 the software architecture used for the automated driving tests can be seen. The Robot Operating System 2 (ROS2) was used as the middleware, providing a modular platform for efficient information exchange between software components. The reference path is computed offline based on a 2D map of the environment created with the SLAM algorithm. The evaluation shows that the control concept is highly suitable for the control of highly automated vehicles and that the requirements for the control conept are met. Furthermore, it is shown that:

- the trajectory tracking error remains within the required tolerance range for all scenarios.

- all imposed constraints are satisfied.

- robustness against external disturbances is ensured.

- the practical implementation and applicability of the concept is successfully demonstrated using the test vehicle flexCAR.

Undoubtedly, the ongoing development and continuous optimization of highly automated driver assistance systems will significantly contribute to increasing traffic efficiency and safety. The approaches and results elaborated in this work thus motivate further research in the field of driver assistance systems for highly automated vehicles. However, the developement of driver assistance systems is a highly iterative process that requires verification in real driving tests. Since road traffic was not accessible at the time of this work, this point can be focused for future research to test the control concept on other test vehicles at higher speeds and with more challenging maneuvers.

Kurzfassung

Das primäre Ziel dieser Arbeit liegt in der Entwicklung eines neuartigen Regelungskonzepts zur automatisierten Fahrzeugführung. Vor diesem Hintergrund werden für den Entwurf des Konzepts zwei Themenfelder besonders fokussiert. Zum einen, die Planung optimaler und prädiktiver Trajektorien, die sowohl fahrzeugtechnische Beschränkungen als auch fahrdynamische Größen berücksichtigen. Zum anderen, die Trajektorienfolgeregelung deren Aufgabe es ist das Fahrzeug entlang der geplanten Trajektorien zu stabilisieren. Aufgrund des sicherheitskritischen Anwendungsfalls des hochautomatisierten Fahrens wird hierbei besonders die Robustheit des Reglers thematisiert, um eine stabile Funktionsweise auch bei variierenden Verhältnissen garantieren zu können.

Basierend auf dem Stand der Technik zeigt sich, dass die modellprädiktive Regelung besonders gut für die Trajektorienplanung geeignet ist, da sie die Fähigkeit besitzt, Beschränkungen explizit zu berücksichtigen. Im Bereich der robusten Regler kommen die Sliding Mode Regelung (SMC) und die H_∞-Regelung in Betracht. Aufgrund der expliziten Berücksichtigung von Modellierungsunsicherheiten und der Garantie für robuste Performanz wird die H_∞-Regelung als bevorzugte Methode für die Trajektorienfolgeregelung ausgewählt. Aufbauend auf diesen Erkenntnissen wird in Kapitel 3 ein Konzept für die automatisierte Fahrzeugführung vorgestellt. Es basiert auf dem Fahrermodell nach Donges und weist eine strukturierte, hierarchische Reglerstruktur auf, welche den gestellten Anforderungen an das Regelungskonzept gerecht wird.

In Kapitel 4 wird der modellprädiktive Trajektorienplaner vorgestellt. Die nichtlinearen Bewegungsgleichungen des Fahrzeugs werden dafür zyklisch linearisiert, um das resultierende Optimierungsproblem mit dem hocheffizienten quadratischen Optimierer OSQP zu lösen. Dabei wird besonders die träge Lenkungsdynamik berücksichtigt. Dadurch ist es möglich die Totzeit, vom Zeitpunkt des Kommandos bis zur tatsächlichen Einstellung des Radlenkwinkels, durch die Prädiktion zu kompensieren. Sowohl der Lenkwinkel als auch die Lenkwinkelgeschwindigkeit sind dabei durch festgelegte Grenzen beschränkt, die im Optimierungsproblem berücksichtigt sind.

Für eine stabile Fahrweise sind aus fahrdynamischer Sicht insbesondere der Schwimmwinkel sowie die Schräglaufwinkel an Vorder- und Hinterachse von Bedeutung. Deswegen sind diese jeweils an beiden Achsen beschränkt, um die Reifenquerkräfte im linearen Bereich halten zu können. Darüber hinaus wird das verfügbare Reifenlängskraftpotential auf Basis der Reifenquerkräfte berücksichtigt, um die mögliche Längsbeschleunigung korrekt zu berechnen. Diese Beschränkung des Kraftschlusspotentials, welche mit dem Kammschen Kreis dargestellt werden kann, ist als zusätzliche fahrdynamische Limitierung in das Modell integriert.

Kapitel 5 beschäftigt sich mit dem Entwurf der robusten Regelung für die Längs- und Querdynamik. Dafür sind zunächst die verschiedenen Unsicherheitsvarianten in der Modellierung erläutert. Im Anschluss wird der Reglerentwurf für die Fahrzeuglängs- und Querregelung unter Berücksichtigung dieser Modellierungsunsicherheiten vorgestellt. Dabei kommt das Mixed-Sensitivity-Design zum Einsatz, um frequenzabhängige Anforderungen an den geschlossenen Regelkreis zu definieren. Um Robustheit der Regler zu gewährleisten wird die H_∞-Synthese für den Entwurf der Fahrzeuglängsregelung und die μ-Synthese für die Querregelung benutzt. Sowohl für den Längs- als auch für den Querregler ist die robuste Performanz garantiert.

In Kapitel 6 wird das Regelungskonzept anhand verschiedener Anwendungsbeispiele evaluiert. Die Evaluation zeigt, dass die gestellten Anforderungen an das Regelungskonzept erreicht sind und das Regelungskonzept sehr gut für die automatisierte Fahrzeugführung geeignet ist. Darüber hinaus ist gezeigt, dass:

- der Trajektorienfolgefehler für alle Anwendungsbeispiele und Manöver unterhalb des geforderten Toleranzbereichs gehalten wird.

- alle aufgestellten Beschränkungen eingehalten sind.

- die Robustheit gegenüber äußeren Störungen gegeben ist.

- die praktische Implementierung und Anwendbarkeit des Konzepts im Versuchsträger flexCAR erfolgreich demonstriert ist.

1 Einleitung und Motivation

Über lange Zeit hinweg galten Fahrzeuge lediglich als reine Fortbewegungs-mittel, die den Menschen dazu verholfen haben, ihre Lebensqualität, Flexibilität, Mobilität und Unabhängigkeit zu erhöhen [112]. Zukunftsprognosen deuten darauf hin, dass die weltweite Anzahl von Fahrzeugen, die im Jahr 2020 bei 1,2 Milliarden* lag, bis 2050 auf etwa 2 Milliarden steigen könnte. Eine derartige Zunahme würde zu einem erhöhten Verkehrsaufkommen und mehr CO_2-Emissionen führen [15, 136]. Trotz des prognostizierten Anstiegs im Verkehrsaufkommen zeigt die zeitliche Entwicklung der Verkehrssicherheit, dass sowohl die Zahl der Verletzten als auch die Zahl der getöteten Verkehrsteilnehmer im Straßenverkehr seit 1992 rückläufig sind, bzw. seit 2017 stagnieren [125, 138]. Laut Statistischem Bundesamt sind etwa 88 Prozent aller Verkehrsunfälle in Deutschland auf menschliches Fehlverhalten zurückzuführen [125].

Neben der Förderung von neuen Antriebstechnologien zur Reduzierung von CO_2-Emissionen werden die Automatisierung und die Vernetzung als zentrale Schlüsseltechnologien gesehen, die bedeutende gesellschaftliche Potenziale bieten. Es könnte die Zahl der Verkehrsunfälle signifikant reduzieren, die Verkehrssicherheit, die Effizienz und den Komfort erhöhen sowie neuartige Mobilitätskonzepte wie das U-Shift ermöglichen [95]. Aus diesem Grunde zeichnet sich ein zunehmender Trend des automatisierten, vernetzten und autonomen Fahrzeugs ab, bei dem das Auto nicht nur als ein reines Fortbewegungsmittel angesehen wird. Es kann vielmehr als ein Computer auf Rädern gesehen werden, bei dem Fahrerassistenzsysteme bzw. die Software im Allgemeinen eine zentrale Rolle einnehmen. Die Mobilität von morgen wird somit von einer zunehmenden Automatisierung und Vernetzung geprägt sein [120, 149].

Um die damit verbundenen technischen Anforderungen besser zu verstehen, hilft ein Blick auf die Bewältigung der Fahraufgabe durch den menschlichen Fahrer. Die Interaktion zwischen Fahrer und Fahrzeug kann als ein Regelungsproblem betrachtet werden, bei dem der Fahrer verschiedene Aufgaben kaskadiert bearbeitet. Auf Basis einer vorausschauenden Planung wird zunächst

---

*ohne Nutzfahrzeuge

ein Sollverlauf festgelegt, der durch kontinuierliche Steueraktionen umgesetzt wird. Gleichzeitig kompensiert der Fahrer äußere Störungen wie Windböen oder Fahrbahnunebenheiten, um das Fahrzeug zu stabilisieren.

Analog zum menschlichen Fahrer müssen automatisierte Systeme eine Fahrzeugbewegung planen und diese robust gegenüber Störungen umsetzen. Daraus ergeben sich zwei zentrale Aufgabenbereiche: die Trajektorienplanung, bei der ein passender Sollverlauf erzeugt wird, und die Trajektorienfolgeregelung, bei der das Fahrzeug entlang dieses Verlaufs stabil geführt wird. Eine Trajektorie beschreibt dabei nicht nur den räumlichen Pfad, sondern auch dessen zeitlichen Verlauf. Aktuelle Trajektorienplaner und Folgeregler stoßen hierbei an ihre Grenzen. Ein zentrales Problem liegt in der oftmals einseitigen Betrachtung der Fahrzeugdynamik. Viele aktuelle Planungsverfahren modellieren Längs- und Querdynamik entkoppelt voneinander. Diese Trennung mag für spezifische Fahrmanöver ausreichen, vernachlässigt jedoch die starke Wechselwirkung zwischen der Bewegung in Längs- und Querrichtung. Diese vereinfachte Modellierung kann in kritischen Situationen zu nicht umsetzbaren Trajektorien führen. Ein weiteres Problem stellt die mangelnde Robustheit von Folgereglern gegenüber veränderlichen Fahrzeugbedingungen dar. In der Praxis kommen deterministische Fahrzeugmodelle zum Einsatz, bei denen Parameter wie die Fahrzeugmasse als konstant angenommen werden. In der Realität unterliegen jedoch viele dieser Parameter erheblichen Schwankungen, etwa durch eine veränderte Beladung, dem Reifendruck oder infolge von Alterungsprozessen. Wenn diese Unsicherheiten im Reglerentwurfsprozess nicht ausreichend berücksichtigt werden, kann dies zu einem instabilen Regelverhalten führen.

Das primäre Ziel dieser Arbeit liegt daher in der Entwicklung eines neuartigen Regelungskonzepts zur automatisierten Fahrzeugführung, das diese Schwächen gezielt adressiert. Dabei werden zwei Themenfelder besonders fokussiert: Zum einen die Planung optimaler, prädiktiver Trajektorien unter Berücksichtigung der gekoppelten Fahrzeuglängs- und -querdynamik. Zum anderen die Trajektorienfolgeregelung. Aufgrund des sicherheitskritischen Anwendungsfalls des hochautomatisierten Fahrens wird hierbei besonders die Robustheit des Reglers thematisiert, um eine stabile Funktionsweise des Reglers auch bei variierenden Verhältnissen garantieren zu können. Der wissenschaftliche Beitrag der vorliegenden Arbeit kann folgendermaßen zusammengefasst werden:

- Automatisierung eines X-by-Wire Versuchsträgers, des sog. flexCAR rolling chassis. Dabei wurde eine geeignete Softwarearchitektur für die echtzeitfähige Umsetzung der automatisierten Fahrzeugführung entwickelt.

- Entwicklung einer optimierungsbasierten und prädiktiven Trajektorienplanung für die kombinierte Längs- und Querdynamik, die fahrzeugspezifische und fahrdynamische Beschränkungen berücksichtigt.

- Entwicklung robuster Trajektorienfolgeregler für die Längs- und Querdynamik, die Modellierungsunsicherheiten explizit im Reglerentwurf berücksichtigen und die eine stabile und robuste Regelung nachweislich garantieren.

- Experimentelle Verifizierung des Regelungskonzepts am flexCAR.

Eine Einführung in die Thematik und den Stand der Technik erfolgt im folgenden Kapitel. Im Anschluss sind die Grundlagen der optimierungsbasierten Trajektorienplanung aufgeführt. Daraufhin wird der entworfene Trajektorienplaner zunächst simulativ evaluiert. Auch hinsichtlich des Folgereglers erfolgt erst eine Einführung in die Thematik und eine simulative Analyse für die Längs- und Querführung des Fahrzeugs. Am Schluss dieser Arbeit erfolgt eine ganzheitliche Auswertung des Regelkonzepts.

2 Stand der Technik

Viele Fahrzeuge sind bereits heute mit Fahrerassistenzsystem (FAS) ausgestattet, wie z.B. Spurhalteassistenten und dem Abstandstempomat. Die Anzahl der Fahrzeuge mit FAS nimmt dabei stetig zu [33]. So sind erste Fahrzeuge bereits mit hochautomatisierten FAS ausgestattet, die es dem Fahrer ermöglichen zeitweise die Fahraufgabe an das technische System abzugeben. Zur Beschreibung der Automatisierungsstufen von Fahrzeugen hat sich das Klassifikationsmodell der Society of Automotive Engineers (SAE) etabliert [53], welches die Automatisierung des Fahrzeugs in sechs Stufen unterteilt:

- **Level 0**: Keine FAS. Die Fahraufgabe wird vollständig vom Fahrer ausgeführt. Neufahrzeuge ohne FAS sind heute kaum noch erhältlich [91].

- **Level 1**: Die Stufe des assistierten Fahrens. Hier übernimmt das FAS die Aufgabe der Längs- oder Querführung, z.B. der Spurhalteassistent oder der Abstandsregeltempomat.

- **Level 2**: Die Stufe des teilautomatisierten Fahrens. Das FAS übernimmt zeitweilig die Längs- und Querführung, z.B. der Überholassistent.

- **Level 3**: Die Stufe des bedingtautomatisierten Fahrens. Das FAS übernimmt die gesamte Fahrzeugführung, z.B. Staupilot. Der Fahrer muss jedoch bereit sein, die Fahraufgaben jederzeit zu übernehmen.

- **Level 4**: Diese Stufe des hochautomatisierten Fahrens (HAF). Das Fahrzeug führt in bestimmten Szenarien alle Fahraufgaben selbstständig durch, z.B. autonome Taxis in Innenstädten.

- **Level 5**: Die Stufe des autonomen Fahrens. Hier kann das Fahrzeug alle Fahraufgaben in allen Fahrsituationen vollständig übernehmen.

In diesem Kapitel soll ein umfassender Überblick über die Entwicklungen im Bereich des HAF gegeben werden. Dabei wird zunächst auf die historische Entwicklung und Meilensteine eingegangen. Im Anschluss sollen die verschiedenen Regelungsansätze aufgezeigt und die Vor- und Nachteile diskutiert werden.

© Der/die Autor(en), exklusiv lizenziert an
Springer Fachmedien Wiesbaden GmbH, ein Teil von Springer Nature 2026
M. Saljanin, *Optimierungsbasierte Trajektorienplanung und robuste
Trajektorienfolgeregelung für hochautomatisierte Fahrzeuge*,
Wissenschaftliche Reihe Fahrzeugtechnik Universität Stuttgart,
https://doi.org/10.1007/978-3-658-51447-1_2

2.1 Historische Entwicklung des hochautomatisierten Fahrens

Das Konzept des hochautomatisierten Fahrens ist nicht neu. Bereits gegen Ende der 1950er Jahren wurde dieses Forschungsgebiet praxisnah untersucht. General Motors realisierte dabei ein automatisiertes Fahrzeug, welches über eine hydraulische Vorrichtung für Lenkung, Gas und Bremse verfügte [77]. Allerdings war das Verkehrsaufkommen damals bei weitem nicht so dicht wie heute, sodass die Technologie kein ernsthaftes Interesse der Industrie weckte. Auch die Entwicklung im Bereich der Sensorik, Aktorik und der Rechenkapazitäten war nicht ausreichend fortgeschritten. Deshalb kam es in dieser Zeit zu keinen nennenswerten Entwicklungen im Bereich des automatisierten Fahrens [44]. Die letzten Jahrzehnte hingegen haben ein stetig steigendes Interesse am hochautomatisierten Fahren erfahren, sowohl an den Hochschulen und Forschungsinstituten als auch in der Industrie. Das steigende Interesse ist vor allem durch die rapiden Entwicklungen im Bereich der Sensorik und der Rechentechnik begründet.

Seit Ende der 1980er Jahre werden im Rahmen des California Partners for Advanced Transit and Highways (PATH)-Programms Systeme bzgl. dem hochautomatisierten Fahren untersucht und getestet. Das PATH-Programm stellt eine Zusammenarbeit der University of California und dem California Department of Transportation dar. Dabei steht nicht nur die automatisierte Fahrzeugführung eines einzelnen Fahrzeugs, sondern einer ganzen Fahrzeugflotte im Vordergrund [89]. Speziell geht es um die automatisierte Führung einer solchen Fahrzeugflotte auf speziellen Autobahnabschnitten mit relativ engem Abstand zwischen den einzelnen Fahrzeugen.

Von 1987 bis 1995 wurden mit dem Projekt PROMETHEUS (Programme for a European Traffic of Highest Efficiency and Unprecedented Safety) eines der größten Forschungs- und Entwicklungsprojekte unternommen. Dieses Projekt wurde von der Europäischen Kommission mit über einer Milliarde Dollar finanziert. Das Ziel dieses Projektes war es, neue Technologien für das hochautomatisierte Fahren zu entwickeln, wie z.B. die Kollisionsvermeidung. In diesem Forschungsprojekt ging es also nicht nur um die Entwicklung der Regelsysteme, sondern auch um die Umfeldsensorik und Bildverarbeitung. Zu dem Konsortium gehörten führende europäische Universitäten, Automobilhersteller und Technologieunternehmen. Für die ersten Versuchsfahrten wurde ein Kleintransporter zu einem vollautomatisierten Versuchsträger umgebaut, der vollautomatisiert von Stuttgart nach Ulm bei Geschwindigkeiten bis zu 130 km/h fahren konnte [132]. Im Anschluss wurde eine weiterentwickelte Version des Systems zur automatisierten Fahrzeugführung in eine S-Klasse gebaut, um einen Schritt in Richtung Serienreife zu demonstrieren [133]. Mit diesem Forschungsfahrzeug gelang 1995 schließlich eine vollautomatisierte Fahrt von etwa 1600 km Länge auf einer Strecke von München nach Odense, Dänemark [23]. Das Fahrzeug konnte zu 95% der Strecke vollautomatisiert in Längs- und Querrichtung zurücklegen und dabei Geschwindigkeiten bis zu 180 km/h aufnehmen. Zur gleichen Zeit etwa demonstrierte das NAVLAB der Carnegie Mellon University weitere Fortschritte auf diesem Gebiet. Sie fuhren 5000 km bei etwa 100 km/h quer durch die USA, von denen 98% automatisiert zurückgelegt wurden [104].

Der nächste große Meilenstein in der Entwicklung bzw. im Fortschritt des automatisierten Fahrens war die erste Defense Advanced Research Projects Agency (DARPA) Grand Challenge im Jahre 2004. In diesem Wettbewerb mit 15 teilnehmenden Teams bestand die Aufgabe darin, einen 240 km langen Offroad-Kurs vollständig automatisiert und in kürzester Zeit zu absolvieren. Im Vergleich zu früheren Projekten und Demonstrationen war dies ein große Herausforderung, da kein Fahrereingriff gestattet war. Zwar wurde das automatisierte Fahren in derartigen Formaten bereits demonstriert, allerdings musste in kritischen Situation immer ein Fahrer eingreifen. In diesem ersten DARPA Wettkampf beendete keines der 15 Fahrzeuge das Rennen. Ein Jahr später erreichten bereits 5 Fahrzeuge im selben Wettkampf die Ziellinie. Im Jahr 2007 wurde der Fokus des DARPA Wettkampfs auf städtische Umgebungen verlagert. Auch bei diesem Wettkampf waren 6 Teams erfolgreich und bewiesen damit, dass hochautomatisiertes Fahren möglich ist [101].

Seit diesen wegweisenden Wettkämpfen hat sich die Automatisierung des Fahrzeugs und vor allem die Serienentwicklung von FAS rasant weiter entwickelt. Der Automobilhersteller Tesla führte 2015 die erste Version zweier fortgeschrittener FAS ein: einen Autopiloten für die automatisierte Längs- und Querregelung sowie eine Funktion für das automatisierte Ein- und Ausparken [25]. Das Unternehmen Waymo, entstanden aus dem „Self-Driving Car"-Projekt von Google, bietet seit 2018 den ersten kommerziellen, autonomen Taxi Service in Phoenix, Arizona an. Zuvor wurden über acht Millionen Kilometer an autonomen Fahrten mit Testfahrzeugen zurückgelegt [116].

Für SAE Level 2 und höheren Stufen wird vorausgesetzt, dass das Fahrzeug eine umfassende Umfeldsensorik, wie z.B. Kameras, RADAR-, Ultraschall- und LiDAR-Sensoren, besitzt, die das unmittelbare Umfeld des Fahrzeugs erfasst und relevante Objekte identifiziert und klassifiziert. Mithilfe der Umfeldsensorik können Abstände zu vorausfahrenden Fahrzeugen und Geschwindigkeiten abgeleitet werden [12]. Eine 360-Grad Umfelderfassung ist in einem Fahrzeug mit automatisierten Fahrfunktionen unterstützend und bei Fahrzeugen mit hochautomatisierten Fahrfunktionen oder dem autonomen Fahren unabdingbar. In Abb. 2.1 ist beispielhaft die Umfelderfassung anhand von Punktewolkenaufnahmen eines LiDAR-Sensors auf einem Parkplatzgelände dargestellt.

Abbildung 2.1: Darstellung der Umfelderkennung durch einen LiDAR-Sensor, aufgenommen mit dem Versuchsträger flexCAR

Gegen Ende des Jahres 2021 erhielt Mercedes-Benz als erster Automobilhersteller der Welt die Zulassung für ein zertifiziertes SAE Level 3 System, welches dem Fahrer ermöglicht die Kontrolle unter bestimmten Bedingungen vollständig an das Fahrzeug abzugeben. Dieses Assistenzsystem ist zunächst auf 60 km/h beschränkt. Allerdings ist der aktuelle Stand der Technik bei Weitem noch nicht so fortgeschritten, um von zuverlässigen und sicheren Systemen sprechen zu können. So wird besonders im städtischen Verkehr von Ausfällen der Assistenzsysteme berichtet [24], [2]. Eine abschließende Zusammenfassung einiger ausgewählter Institutionen und OEMs, die maßgeblich an dieser Innovation beteiligt sind, ist in Tabelle 2.1 gegeben [39].

Institution	Beitrag	Verweise
Carnegie Mellon University	Eines der ersten Institute spezialisiert auf das HAF. Leistungsträger versch. Veranstaltungen, u.a. DARPA.	Demo 1997: [128] DARPA: [17, 32, 67, 135] Plattform HAF: [41, 141, 150]
Massachusetts Institute of Technology	Geburtsstätte des Rapidly-exploring Random Tree (RRT) -Algorithmus für die Bewegungsplanung automatisierter Fahrzeuge.	DARPA: [75, 76] Anwendungen: [7, 8, 61]
Karlsruher Institut für Technologie	Teilnehmer DARPA-Wettkampf, Langjährige Forschung für Bewegungsplanung. Forschung bzgl. numerischer Optimierungsverf.	Berta-Benz Fahrt: [156] Planung: [143] DARPA: [59, 155] Stanford Koop.: [38, 145]
Stanford University	Regelmäßige Teilnahme an DARPA-Wettkämpfen. Forschung in allen Bereichen des HAF, insbesondere im Bereich numerischer Optimierungsmethoden. Automatisierung eines Audi TTS.	DARPA: [28, 74, 92, 129] Plattform HAF: [36, 82] Kooperationen: [27, 145]
RWTH Aachen	Forschung im Bereich vernetzter Mobilität und HAF. Verwendung von optimierungsbasierten und datengetriebenen Regelungsansätzen für die Entwicklung prädiktiver FAS.	Regelung: [62, 63, 64] Vernetztes Fahren: [3, 4]

Im Jahr 2025 sind hochautomatisierte Fahrzeuge und Fahrfunktionen verstärkt im Alltag angekommen. Während eine hohe Stufe der Automatisierung im Luft-

Institution	Beitrag	Verweise
Kalifornien PATH	Eins der ersten Forschungszentren für intelligente Verkehrssysteme. Robuste Regelungsansätze für die Folgeregelung.	Demo 1997: [118, 128]
ETH Zürich	Forschung im Bereich intelligenter Regelsysteme mit Techniken aus dem maschinellen Lernen. Anwendungen umfassen das HAF, intelligente Verkehrssysteme, autonome Drohnen etc.	Rennsport: [47, 57, 58, 84] Drohnen: [65, 131]
Technische Universität München	Forschung im Bereich HAF, insbesondere autonomer Rennsport. Regelmäßige Gewinner bei Wettkämpfen, z.B. bei der A2RL mit Geschwindigkeiten bis 250 km/h und autonomen Überholmanöver.	Autonomer Rennsport: [13, 45, 46, 146, 148]
OEMs	Versch. Fahrzeughersteller, die zur Entwicklung des automatisierten Fahrens maßgeblich beigetragen haben.	Mercedes-Benz: [10, 66, 156] BMW: [1, 144] VW: [36, 92, 129] Volvo: [87] GMC: [128] Hyundai: [20, 55] Toyota: [43]

Tabelle 2.1: Exemplarische Auswahl an Insituten und OEMs, die maßgeblich an der Entwicklung des HAF beteiligt waren.

, See- und Schienenverkehr bereits seit Jahren gängig ist, sind Fahrzeuge mit hochautomatisierten Fahrfunktionen aktuell nur in Premiumsegmenten verbaut. Das automatisierte Fahrzeug von morgen steht vor größeren Herausforderungen als beispielsweise Systeme in der Luftfahrt. Gründe hierfür sind die höhere Komplexität des Straßenverkehrs sowie die notwendige Vernetzung mit anderen Fahrzeugen und der umgebenden Infrastruktur [71, 72]. Die Hauptherausforderung der Adaption auf den Fahrverkehr liegt in der hohen Verkehrsdichte, da auf der Straße eine Vielzahl von Akteuren gleichzeitig agieren [72]. Dadurch kommt vor allem der Software des hochautomatisierten Fahrzeugs eine große Bedeutung zu. Die Softwarekomponenten müssen so aufeinander abgestimmt sein, dass ein echtzeitfähiger Informationsaustausch besteht. Die wesentlichen Komponenten sind:

- **Umfelderkennung & Lokalisierung**: Mit Hilfe der Umfeldsensorik werden kontinuierliche Abbildungen der Umgebung erstellt, welche genutzt werden um Hindernisse zu erkennen oder u.a. das Fahrzeug zu lokalisieren.

- **Fahrzeugzustandsschätzung**: Über fahrzeuginterne Sensoren kann auf bestimmte Fahrzeugzustände, wie bspw. die Geschwindigkeit oder Ausrichtung des Fahrzeugs geschlossen werden.

- **Situationsanalyse**: Auf Grundlage der Umfelderkennung kann eine Analyse der aktuellen Verkehrssituation erfolgen und entsprechende Entscheidungen getroffen werden. Befindet sich bspw. ein Hindernis im Weg, kann entschieden werden, ob ausgewichen oder angehalten werden soll.

- **Pfadplanung**: Die Pfadplanung berechnet auf Grundlage der Umfelderkennung und der Situationsanalyse entsprechende Pfade, welche eine rein räumliche Beschreibung der berechneten Route darstellt.

- **Trajektorienplanung**: Die Trajektorienplanung sorgt dafür, dass der Pfad möglichst optimal (genau, komfortabel, schnell etc.) verfolgt wird. Unter Einhaltung spezifischer Beschränkungen werden für das Fahrzeug umsetzbare Trajektorien geplant. Eine Trajektorie umfasst hierbei die räumliche und zeitliche Dimension zur Beschreibung der Route.

■ **Trajektorienfolgeregelung**: Auf Basis der Trajektorienplanung sorgt der Folgeregler für die sichere und stabile Umsetzung der geplanten Trajektorie durch Ansteuerung der Lenkung, des Antriebs und der Bremse.

Im weiteren Verlauf dieses Kapitels wird vor allem auf die verwendeten Regelungsansätze für die automatisierte Fahrzeugführung Bezug genommen. Dazu sollen zunächst die geometrischen Methoden erläutert werden, wie z.B. die PID Regelung, der Pure-Pursuit Regler und der Stanley-Regler. Anschließend sind Ansätze aus der nichtlinearen Regelungstechnik aufgezeigt. Daraufhin werden die optimierungsbasierten Regelungsansätze des Linear-Quadratic-Regulator (LQR) und die Model Predictive Control (MPC) erklärt. Abschließend werden die Sliding-Mode Regelung und die H_∞-Regelung, zwei Ansätze aus der robusten Regelungstechnik, beschrieben. In der Analyse der verschiedenen Regelungsansätze ist besonders die Einfachheit der praktischen Implementierung, der Rechenaufwand und die Robustheit des Regelungsstrategien fokussiert.

2.2 Geometrische Ansätze

Die geometrischen Regelungsansätze stellen eine Klasse einfacher Algorithmen dar, welche auf die geometrische Beziehung zwischen dem Fahrzeug und dem Referenzpfad basieren. Mit Hilfe eines Proportional-Integral-Derivative (PID) Reglers kann über geometrische Fehlergrößen, wie bspw. dem Positions- und Ausrichtungsfehler, das Steuersignal berechnet werden, um das Fahrzeug entlang des Referenzpfades zu führen. Der PID Regler ist im Allgemeinen die am weitesten verbreitete Form der Regelung aufgrund der einfachen Implementierung, Anpassung und des geringen Rechenaufwands [9]. Im Falle des HAF kann durch den Positionsfehler e_y des Fahrzeugs auf die entsprechende Ausgleichs-Lenkbewegung δ geschlossen werden, wie in Gl. 2.1 dargestellt.

$$\delta = K_p e_y + K_i \int_{t_0}^{t} e_y(\tau) d\tau + K_d \frac{de_y}{dt} \qquad \text{Gl. 2.1}$$

Dabei stellen K_p, K_i und K_d die Reglerparameter dar, welche entsprechend veränderbar sind, um das gewünschte Verhalten zu erzielen. Als nachteilig ist vor allem das aufwändige und nicht-intuitive Tuning dieser Parameter zu bewerten. Der Pure-Pursuit (PP) wurde ursprünglich für die Folgeregelung von Lenkflugkörper auf ein sich bewegendes Ziel entwickelt [114]. In diesem Ansatz wird ein Zielpunkt auf dem Referenzpfad gewählt, der eine bestimmte Entfernung vor dem Fahrzeug liegt und als "look-ahead" bezeichnet wird. Die Beziehung zwischen der Position des Fahrzeugs und der Trajektorie des Pfades wird durch das Einpassen eines Bogens zwischen der Hinterachsmitte und den Zielpunkt hergestellt. Der Lenkwinkel des Fahrzeugs kann dabei über

$$\delta = \tan^{-1}\left(\frac{2l\sin\alpha}{l_d}\right) \qquad \text{Gl. 2.2}$$

berechnet werden. l beschreibt hierbei den Radstand und l_d die "look-ahead"-Distanz. Der Winkel zwischen der Fahrzeuglängsachse und der Verbindungslinie zum "look-ahead"-Punkt wird als α bezeichnet. Aufgrund dieses einfachen Ansatzes ist der PP ebenso wie der PID ein beliebter Ansatz zur Querführung. Dies liegt insbesondere an der einfachen Parametrierung, der unkomplizierten Implementierung und dem geringen Rechenaufwand. Aus diesen Gründen wurde der PP von einigen Teilnehmern des DARPA-Wettkampfs verwendet [94, 126]. Ein gut funktionierender PP setzt vor allem eine gut getunte "look-ahead"-Distanz voraus. Zu große Werte führen zu einem Schneiden von Kurven bei größeren Krümmungen. Zu kleine Werte hingegen verursachen oszillierendes Folgeverhalten [5, 6]. Rankin et al. haben in [106] die Wirksamkeit eines PID und eines PP sowohl simulativ als auch praktisch verglichen. Sie kommen zu dem Entschluss, dass es wesentlich einfacher ist, die "look-ahead"-Distanz zu tunen als die PID-Parameter. Weiterhin berichten sie, dass die Zuverlässigkeit des PP mit steigender Fahrzeuggeschwindigkeit abnimmt. Diese Erkenntnis wird von anderen Autoren geteilt, wie z.B. in [123]. Der Stanley Regler wurde von den Gewinnern des DARPA-Wettkampfs 2005 implementiert [48, 129]. Dieser Ansatz verwendet die Ausrichtung des Vorderrads in Bezug auf die Referenztrajektorie zur Berechnung des Lenkbefehls. Im Vergleich zum PP ist eine "look-ahead"-Distanz hierbei nicht erforderlich. Aus dem aktuellen Positionsfehler e_l, dem Gierratenfehler e_ψ und der möglichen Lenkwinkelgeschwindigkeit $\dot{\delta}$ wird dabei auf den nötigen Lenkwinkel geschlossen.

$$\delta = \alpha + \tan^{-1}\left(\frac{ke_l}{v}\right) + k_\psi e_\psi + k_\delta \dot{\delta} \qquad \text{Gl. 2.3}$$

In Gl. 2.3 stellen k, k_ψ und k_δ die Verstärkungsparameter dar, welche getunt werden müssen. α beschreibt den Winkel zwischen der aktuellen Fahrtrichtung des Fahrzeugs und der Tangente an den Pfad. v beschreibt die aktuelle Fahrzeuggeschwindigkeit. Der große Vorteil der geometrischen Regelungsansätze liegt vor allem in der einfachen Implementierung und Bedienbarkeit. Diese Vorteile öffnen vor allem dem PID-Regler ein breites Anwendungsfeld. Weiterhin finden geometrische Regler große Beliebtheit, da kein tiefes regelungstechnisches Verständnis für den Einsatz notwendig ist. Der Rechenaufwand für diese Regelungsansätze ist vernachlässigbar klein, sodass die Regler ohne Probleme auf jede Steuergeräte implementiert werden können. Der Nachteil dieser Ansätze liegt allerdings in deren Robustheit. Die getunten Parameter weisen nur für eine bestimmte Fahrsituation und einer festen Fahrzeugparametrierung ein gutes Folgeverhalten auf.

2.3 Nichtlineare Regelung

Mit Hilfe von modellbasierten Regelungsansätzen kann die Fahrzeugdynamik explizit im Reglerentwurfsverfahren berücksichtigt werden. Die Herausforderung hierbei besteht vor allem in der Modellierung der Fahrzeugdynamik. Für den Reglerentwurf ist es vorteilhaft, ein lineares Fahrzeugmodell zu verwenden, welches die Fahrdynamik hinreichend genau abbildet. Für die Linearisierung bzw. Regelung von nichtlinearen Systemen gibt es mehrere Möglichkeiten [68]. In [60] wird mittels geschickten Eingangstransformationen (ET) die Fahrzeugdynamik linearisiert und ein Zwei-Freiheitsgrad Regler für die Querregelung eines Audi TTS entworfen. König und Werling verwenden für ihren Reglerentwurf die Methode der exakten Linearisierung (EL) [77, 142]. Montoya et al. vergleichen in [93] experimentell die Performanz ihres linearen Rückkopplungsregler basierend auf einer Eingangs-Transformation mit der eines nichtlinearen Reglers, welcher unter Verwendung der direkten Lyapunov-Methode (LDM) entwickelt wurde [26]. Lyapunov's Theorem wird häufig für den Stabilitätsnachweis für die Regelung von nichtlineare Systemen verwendet [68]. Für den Entwurf von Lyapunov-basierten Regler wird zunächst eine Fehlerdynamik in Bezug auf den aktuellen und den Referenzzustand des Fahrzeugs erstellt. Diese Fehlerdynamik wird anschließend für den Reglerentwurf verwendet. Damit können mit Hilfe von Lyapunov Regelgesetze hergeleitet werden, die bestimmte Stabilitätskriterien erfüllen. Montoya et al. kommen in [93] zu der

Erkenntnis, dass unter Einfluss äußerer Störungen der eingangstransformierte Regler besseres Folgeverhalten erzielt als der Lyapunov-basierte Regler.

Zusammenfassend besteht der große Vorteil dieser modellbasierten Methoden aus der nichtlinearen Regelungstechnik darin, dass weitaus komplexere Fahrzeugmodelle verwendbar sind, die z.B. auch die nichtlinearen Phänomene in der Reifendynamik berücksichtigen. Allerdings setzt dies ein hohes Maß an Fahrdynamik- und Regelungstechnikverständnis voraus. Zudem weisen die Regler eine entsprechend höhere Ordnung auf und reagieren sensibel auf Störungen [21, 111].

2.4 Optimierungsbasierte Methoden

Der Linear-Quadratic-Regulator (LQR) stellt einen Meilenstein in der Geschichte der Regelungstechnik dar. Das Ziel dieser Theorie der optimalen Regelung ist es, einen Regler durch die Optimierung einer quadratischen Kostenfunktion der Form

$$J = \int_0^\infty \left(\boldsymbol{x}(t)^T \boldsymbol{Q} \boldsymbol{x}(t) + \boldsymbol{u}(t)^T \boldsymbol{R} \boldsymbol{u}(t) \right) dt \qquad \text{Gl. 2.4}$$

zu erhalten [11]. $\boldsymbol{Q}$ und $\boldsymbol{R}$ stellen hierbei Gewichtungsmatrizen dar, mit welchen gewünschte Folgeverhalten erreicht werden können. Befindet sich der Positionsfehler bspw. im Fahrzeugzustand $\boldsymbol{x}$, kann über $\boldsymbol{Q}$ ein höheres Gewicht auf diesen Zustand gelegt werden. Dadurch wird erreicht, dass der Positionsfehler schneller abklingt. Mit einem höheren Gewicht auf $\boldsymbol{R}$ kann komfortableres Lenken erreicht werden. Dadurch erscheint der LQR im Vergleich zu den einfacheren, geometrischen Regelungsansätzen deutlich intuitiver in der Bedienung. Wie der Name des LQR bereits vermuten lässt, ist für den Reglerentwurf ein lineares Fahrzeugmodell notwendig. Die Güte des Reglers ist daher stark von der Genauigkeit des Modells abhängig. Dadurch ist der Regler nicht robust gegenüber Modellierungsungenauigkeiten, die besonders in höherdynamischen Bereichen auftreten [124]. In [56] wird unter anderem der LQR mit dem Stanley-Regler hinsichtlich des Folge- und Regelverhaltens verglichen. Die Autoren kommen zu dem Ergebnis, dass der LQR gegenüber dem Stanley-Regler zu bevorzugen ist.

In [16] werden unterschiedliche Trajektorienfolgeregler verglichen. Der LQR schneidet in nahezu allen Tests hervorragend ab. Zweifelhaft erscheint allerdings, dass die Autoren den LQR als besten Regler hinsichtlich der Robustheit gegenüber Modellierungsunsicherheiten bewerten. Speziell in diesem Test sind für alle Regler nur kleine Änderungen im Folgeverhalten bemerkbar. Dies kann daran liegen, dass nur die Masse, das Trägheitsmoment und der Abstand vom Schwerpunkt zur Hinterachse des Fahrzeugs um 30% erhöht wurde. Im Falle eines ebenen Einspurmodells haben allerdings die Masse und das Trägheitsmoment nur geringen Einfluss auf die Fahrzeugquerdynamik, vor allem bei Geschwindigkeiten unter 80 km/h. Dies ist in einigen Sensitivitätsanalysen gezeigt [49, 105, 134], wodurch die geringe Änderung im Folgeverhalten aller Regler erklärbar ist. Der Folgefehler des Reglers sollte besonders bei variierenden Achssteifigkeiten untersucht werden, da diese eine deutlich größere Auswirkung auf die Fahrdynamik besitzen. In Kapitel 5 wird genauer auf die Sensitivität bestimmter Parameter eingegangen.

Die modellprädiktive Regelung (MPC) gehört ebenfalls zur Klasse der optimierungsbasierten Regler. Wie beim LQR wird eine Kostenfunktion minimiert, um optimale Stellgrößen zu erhalten. Im Falle des LQR wird der Regler vor dem Betrieb (offline) durch algebraische Optimierung berechnet. Im Gegensatz dazu werden bei der MPC die Stellgrößen während des Betriebs (online) iterativ mit Hilfe hocheffizienter, numerischer Optimierungsverfahren berechnet. Der Vorteil der MPC besteht darin, dass im Gegensatz zu den anderen Regelungsansätzen explizit Beschränkungen an den Fahrzeugzustand oder den Stellgrößen in der Berechnung mitberücksichtigt werden können [108], [40]. Auch das iterative Optimieren führt dazu, dass der MPC wenig anfällig gegenüber Störungen ist. Der Nachteil besteht allerdings in dem hohen Rechenaufwand. Nichtsdestotrotz machen die Vorteile des MPC diesen Regelungsansatz zur bevorzugten Wahl für eine Vielzahl an regelungstechnischen Problemen, insbesondere im Bereich des HAF, wo spezifische Beschränkungen eingehalten werden müssen.

Allgemein lässt sich der MPC in zwei Verfahren unterteilen, nämlich den open-loop und closed-loop Optimierungsverfahren. Bei der open-loop Variante, wie sie in Abb. 2.2a) dargestellt ist, wird nur der Steuerbefehl optimiert. Ist dieser optimale Steuerbefehl berechnet, wird das Signal an die Fahrzeugaktorik geleitet. Die daraus resultierende Fahrzeugbewegung wird gemessen, sodass in einer nächsten Iteration der neue Steuerbefehl berechnet werden kann.

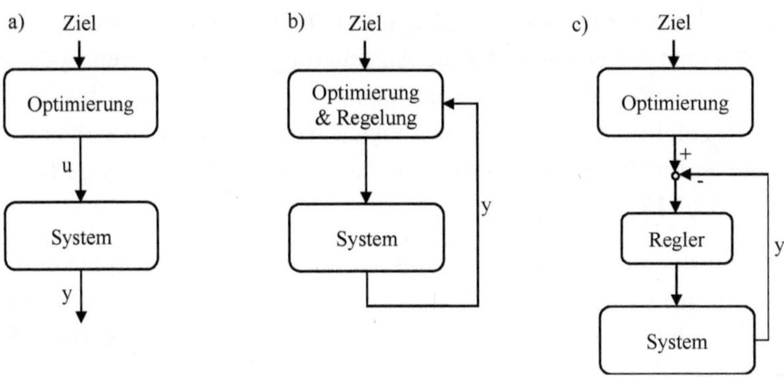

Abbildung 2.2: Schematische Darstellung optimierungsbasierter Regelungsansätze

Diese Methode hat den Vorteil, dass mit Hilfe effizienter Algorithmen eine
passende Lösung in wenigen Millisekunden berechnet werden kann. Allerdings ist diese Methode für die automatisierte Fahrzeugführung, aufgrund der
fehlenden Robustheit gegenüber Modellierungsungenauigkeiten, alleine nicht
ausreichend.

Bei der closed-loop Optimierung, wie sie in Abb. 2.2b) dargestellt ist, werden
der Steuerbefehl sowie die damit verbundene Auswirkung auf den Fahrzeugzustand optimiert [121]. Der Vorteil dieser Variante liegt darin, dass sie theoretisch eine optimale Regelung durch eine exakte Koordination der Steuerbefehle
ermöglicht. In der Praxis wird diese Lösung jedoch nur in wenigen Anwen-
dungsfällen umgesetzt, da sie mit mehreren Problemen behaftet ist. Erstens
erfordert eine solche theoretisch perfekte Regelung ein exaktes Modell des
Systems, dessen Entwicklung sehr kostspielig ist. Zweitens ist der Entwurf
dieser Regelungsvariante äußerst anspruchsvoll, da er tiefgehendes Verständnis
erfordert. Drittens ist der hohe Rechenaufwand ein limitierender Faktor, der die
Anwendbarkeit dieser Variante einschränkt.

In der Praxis werden daher hierarchische Regelungskonzepte empfohlen, die das
Regelungsziel an verschiedene Ebenen verteilen, wie in Abb. 2.2c) dargestellt
ist. Dabei besteht das Regelungskonzept im einfachsten Fall aus einer Optimierungsebene und einer Regelungsebene. In der Optimierungsebene werden die

Referenzgrößen unter Berücksichtigung fest definierter Beschränkungen berechnet. Die Regelungsebene sorgt für die Ansteuerung der Aktuatoren, sodass den Referenzgrößen präzise gefolgt werden kann. Diese Idee des hierachischen Aufbaus des Regelungskonzepts wird von vielen Autoren geteilt, welche auf dem Gebiet der Software-Architektur für hochautomatisierte Fahrzeuge forschen [45, 102, 103, 117].

Die regelungstechnische Forschung des letzten Jahrzehnts hat einen enormen Aufschwung im Bereich der MPC erfahren, mit zahlreichen Publikationen in diesem Bereich [88]. Besonders das Forschungsteam um Prof. Borelli gilt als früher Treiber im Bereich der modellprädiktiven Regelung für das HAF, das bereits um das Jahr 2007 mit der hardwarenahen Forschung in diesem Bereich begonnen und die Stärke dieses Ansatzes in verschiedensten Szenarien aufgezeigt hat [18, 31, 37, 73]. In [62] und [63] konnten Katriniok et al. bereits sehr früh beweisen, dass eine Implementierung der MPC auf einem serientypischen Steuergerät umsetzbar ist. Dabei konnte in [63] eine MPC für die kombinierte Längs- und Querregelung echtzeitfähig auf einer dSPACE MicroAutoBox II implementiert werden, welche mit 25 Hz neue Steuerbefehle berechnet. Im Bereich der Fahrdynamikregelung konnten Fridrich et al. in [34, 35] mit einem prädiktiven Regelungsansatz vorgegebene Fahreigenschaften mittels Torque-Vectoring umsetzen. In [113] ist eine modellprädiktive Regelungsstrategie für die laterale und longitudinale Regelung einer hochautomatisierten Fahrzeugplattform mit Allradantrieb und Zweiachsenlenkung vorgestellt. Im Bereich des autonomen Rennsports wurde in [147] von Wischnewski et al. ein tube-based MPC Verfahren eingesetzt, welches das Fahrzeug sicher im fahrdynamischen Grenzbereich kontrollieren konnte. Weiterhin ist in zahlreichen Untersuchungen die Überlegenheit der MPC gegenüber anderen Reglern gezeigt worden, wie z.B. in [56, 139, 151].

2.5 Robuste Regelung

Prof. John Doyle zeigt in einer seiner bekanntesten Veröffentlichungen, dass der LQR im Fall von Modellierungsunsicherheiten im Allgemeinen nicht robust ist [30]*. Damit machte Prof. Doyle vor allem auf die Gefahr aufmerksam, dass auch bei zufriedenstellendem Regelverhalten in der Simulation, der Regler, aufgrund kleinster Unsicherheiten im Regelkreis, komplett ausfallen kann. Er zeigte damit, dass eine optimale Lösung von Gl. 2.4 nicht ausreicht und die Robustheit gegenüber Unsicherheiten stärker fokussiert werden muss. Mit dieser Erkenntnis lenkte Prof. Doyle ein Umdenken ein und legte damit den Grundstein für die Entwicklung der robusten H_∞-Regelung [115, 121, 154]. Der große Vorteil dieses Regelungsverfahrens besteht darin, dass mathematische Garantien für die Robustheit gegenüber Modellierungsungenauigkeiten ausgesprochen werden können. Als nachteilig wird allerdings die mathematisch anspruchsvolle Herleitung und die resultierende, höhere Ordnung des Reglers empfunden. In [50] und [97] zeigen die Autoren die Effektivität der H_∞-Regelung für die Quer- bzw. Längsregelung im Fall von Modellierungsunsicherheiten.

Ein weiterer Regelungsansatz aus dem Bereich der robusten Regelung stellt die Sliding-Mode-Regelung (SMC) dar. Bei der SMC handelt es sich um ein nichtlineares und robustes Regelungsverfahren, welches sich vor allem durch den vergleichsweise einfacheren Entwurfsprozess auszeichnet. Bei diesem Regelungsansatz wird eine Gleitfläche bestimmt, auf die das System gezwungen wird. Die Idee dahinter besteht darin, dass das System entlang dieser Fläche eine reduzierte Dynamik aufweist, was die Regelung einfacher und robuster macht. Erreicht wird dies durch schnelles, diskontinuierliches Schalten entlang der Gleitfläche [83, 122]. In diesem Schalten liegt allerdings auch die Problematik der SMC. Aufgrund dieser schnellen und diskontinuierlichen Schaltvorgängen kommt es zu dem sogenannten "Chattering"-Effekt. Hierbei handelt es sich um ein hochfrequentes Schalten der Stellgrößen, wie bspw. des Lenkwinkels, wodurch die Aktuatoren stark belastet werden und ein erhöhter Verschleiß resultiert [68, 119]. Mit Hilfe geeigneter Erweiterungen und Relaxationen kann das Problem des Chatterings allerdings weitestgehend gelöst werden. Ahlert

---

*Die einseitige Publikation mit dem Titel „Guaranteed margins for LQG regulators" ist auch auf Grund des Abstracts bekannt. Es ist eines der kürzesten die jemals veröffentlicht wurden. Das Abstract bildet zugleich die Antwort auf den Titel und liest sich „*There are none.*"

nutzt als SMC-Erweiterung in [140] das Konzept der Grenzschicht für die Regelung eines Gesamtfahrzeug-Dynamikprüfstands [152, 153]. Es wird dabei ein Kompromiss zwischen Regelgüte und Reduktion des Chatterings eingegangen. Ahlert konnte in seiner Arbeit simulativ nachweisen, dass mit Hilfe dieses Ansatzes die 3D-Fahrzeugdynamik robust geregelt werden kann. Bezogen auf die Querdynamik konnte er dies für den linearen Betriebs- sowie für den nichtlinearen Grenzbereich zeigen. Eine abschließende Zusammenfassung der betrachteten Regelungsansätze für das hochautomatisierte Fahren ist in Abb. 2.3 gegeben. Aufbauend auf diesen Ergebnissen wird im folgenden Kapitel das Regelungskonzept für die automatisierte Fahrzeugführung vorgestellt. Dabei werden zunächst die Anforderungen und Ziele an das Konzept formuliert. Anschließend erfolgt auf Basis der in Abb. 2.3 dargestellten Bewertung der Regelungsansätze die Auswahl geeigneter Regler für die verschiedenen Ebenen des Regelungskonzepts.

Klasse	Art	Herleitung	Implementierung	Rechenaufwand	Robustheit	Beschränkungen
Geometrisch	PID	+	+ +	+ +	0	− −
Geometrisch	PP	+ +	+ +	+ +	− −	− −
Geometrisch	Stanley	+ +	+ +	+ +	−	− −
Nichtlinear	ET	0	+ +	+	−	− −
Nichtlinear	EL	0	+ +	+	−	− −
Nichtlinear	LDM	−	+ +	+	−	− −
Robust	H_∞	− −	+ +	0	+ +	− −
Robust	SMC	0	+ +	+	+	− −
Optimal	LQR	+	+ +	+	− −	− −
Optimal	MPC	0	0	− −	0	+ +

+ + sehr zutreffend   + zutreffend   0 neutral   − weniger zutreffend   − − nicht zutreffend

Abbildung 2.3: Bewertung der Regelungsansätze für das hochautomatisierte Fahren

3 Konzeptionierung des Regelungskonzepts

Das Ziel dieses Kapitels ist es, zunächst die Anforderungen und Ziele an die automatisierte Fahrzeugführung zu formulieren und daraus, unter Berücksichtigung der Ergebnisse aus dem vorherigen Kapitel, ein geeignetes Regelungskonzept abzuleiten. In der Einführung dieser Arbeit sind die unterschiedlichen Automatisierungsstufen aufgezeigt. Die vorliegende Arbeit beschäftigt sich mit der Entwicklung von Fahrerassistenzsystemen für hochautomatisierte Fahrzeuge ab der SAE Stufe 3. Einzelne Komponenten dieses Regelungskonzepts sind jedoch auch in Fahrzeuge der SAE Stufe 1 und 2 umsetzbar, wie bspw. die Folgeregelung für den Abstandstempomaten oder den Überholassistenten. Die Anforderungen an das Regelungskonzept sind folgendermaßen definiert:

- **Echtzeitfähigkeit**: Das Regelung soll so ausgelegt werden, dass es auch auf rechentechnisch limitierten Steuergeräte in Echtzeit umsetzbar ist.

- **Robustheit \ Skalierbarkeit**: Um den Aufwand für die Applikation bzw. der Parametrierung des Reglers zu minimieren, soll dieser auf ein möglichst großes Spektrum an Fahrzeugen umgesetzt werden können. Es soll für unterschiedliche Fahrzeugbeladungen und für einen möglichst großen Geschwindigkeitsbereich verwendbar sein.

- **Stabile Fahrweise**: Es wird angestrebt, im linearen Bereich der Fahrdynamik zu bleiben, um eine sichere und stabile Fahrweise gewährleisten zu können. Dafür müssen die Grenzen für bestimmte fahrdynamische Kenngrößen beachtet werden.

- **Berücksichtigung von Beschränkungen**: Für die Auslegung des Regelungskonzepts müssen bestimmte Grenzen eingehalten werden, wie bspw. Aktuatorlimitierungen, fahrdynamische Beschränkungen oder Spurhaltetoleranzen.

- **Prädiktive Fahrweise**: Um auf enge Kurven oder Hindernissen reagieren zu können, ist eine prädiktive Fahrweise gewünscht. Hierfür wird eine Koppelung der Längs- und Querführung angestrebt, um rechtzeitig die Geschwindigkeit anpassen zu können.

© Der/die Autor(en), exklusiv lizenziert an
Springer Fachmedien Wiesbaden GmbH, ein Teil von Springer Nature 2026
M. Saljanin, *Optimierungsbasierte Trajektorienplanung und robuste
Trajektorienfolgeregelung für hochautomatisierte Fahrzeuge*,
Wissenschaftliche Reihe Fahrzeugtechnik Universität Stuttgart,
https://doi.org/10.1007/978-3-658-51447-1_3

- **Latenz-Kompensation**: Die Aktuatoren eines Fahrzeugs können mehr oder weniger große Latenzen aufweisen, welche im Regelungskonzept berücksichtigt werden müssen, um eine stabile Fahrzeugführung zu gewährleisten.

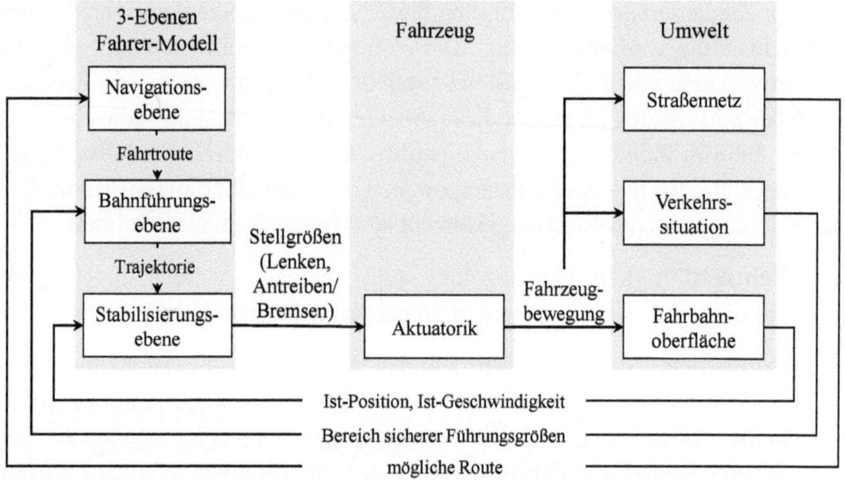

Abbildung 3.1: Das Drei-Ebenen Fahrermodell nach Donges

Anhand dieser Anforderungen wird im weiteren Verlauf dieses Kapitels das Regelungskonzept für die automatisierte Umsetzung der Fahraufgabe vorgestellt. Nach Donges kann die Fahraufgabe in drei Ebenen unterteilt werden [29]. Wie in Abb. 3.1 dargestellt, wird die oberste Ebene als Navigationsebene bezeichnet. Sie umfasst die Planung der Fahrtroute vom Startpunkt bis zum Ziel im verfügbaren Straßennetz und entspricht somit der Pfadplanung. Die Fahrdynamik wird an dieser Stelle komplett vernachlässigt. Je nach verwendetem Algorithmus zur Berechnung des Pfades kann die Fahrzeugkinematik berücksichtigt werden. Auf der Bahnführungsebene werden die Geschwindigkeit in Längsrichtung als auch die Bewegung in Querrichtung geplant. Hierbei spielt die Fahrdynamik eine wesentliche Rolle. Auch Sicherheits- und Komfortaspekte werden hier berücksichtigt [81, 107]. Diese Ebene kann damit als Trajektorienplanung gesehen werden. Auf der untersten Ebene, der Stabilisierungsebene, werden die Vorgaben bzw. die Trajektorien mit Stellgrößen an die Lenkung und den Antrieb umgesetzt. In dieser Ebene wird das Fahrzeug gegenüber äußeren Störungen stabilisiert.

Die MPC hat sich aufgrund ihrer prädiktiven Fähigkeit, ihrer Eignung zur Regelung nichtlinearer Systeme und ihrer Fähigkeit, explizit Beschränkungen zu berücksichtigen, zu einem der wichtigsten und fortschrittlichsten Regelungsansätze für praktische Implementierungen entwickelt [22]. Diese Eigenschaften machen die MPC zum bevorzugten Ansatz für die Regelung hochautomatisierter Fahrzeuge. Daher ist für die Bahnführungsebene der Ansatz der MPC gewählt. Wie im vorherigen Kapitel bereits erklärt, kann die MPC anhand der Optimierungsverfahren allgemein in zwei Varianten unterteilt werden. Um die Anforderung der Echtzeitfähigkeit zu erfüllen, wird die open-loop Variante verwendet. Weiterhin wird auf komplexe Fahrzeugmodelle verzichtet. Ausschlaggebend für eine echtzeitfähige Umsetzung der MPC ist der Einsatz effizienter Optimierer. Dafür besteht zum einen die Möglichkeit, ganzheitliche Frameworks wie z.B. acados [137] zu verwenden. Diese bieten den Vorteil schnelle Prototyp-Entwicklungen zu ermöglichen. Zum anderen kann durch die manuelle Integration von Optimierern, wie bspw. OSQP [127], eine effizientere Implementierung erreicht werden. Im Rahmen dieser Arbeit wird zur Erfüllung der Anforderung der OSQP Optimierer verwendet.

Um Robustheit gewähren bzw. garantieren zu können, werden die geplanten Trajektorien der MPC mit Hilfe von H_∞-Reglern stabilisiert. Der H_∞-Regler ist gewählt, da nur dieser im Vergleich zu allen anderen Reglern aus Tab. 2.3 robustes Regelverhalten in Präsenz von Modellierungsungenauigkeiten garantieren kann. Auf den SMC wird aufgrund der "Chattering"-Problematik verzichtet. Bei allen anderen Reglern ist keine zuverlässige Robustheit gewährleistet, wodurch diese notwendige Anforderung nicht erfüllt wäre.

Schließlich ist unter Berücksichtigung der in Kapitel 1 eingeführten Software-Bausteine für die automatisierte Fahrzeugführung, dem Drei-Ebenen Modell nach Donges und der Auswahl der entsprechenden Planungs- und Regelungsansätzen, in Abb. 3.2 das finale Regelungskonzept dargestellt. Der Pfadplaner berechnet zunächst den Referenzpfad in Form von kartesischen X- und Y-Koordinaten. Anhand des Referenzpfades und der aktuellen Fahrzeugposition können über die MPC Referenztrajektorien für die unterlagerte Stabilisierungebene geplant werden.

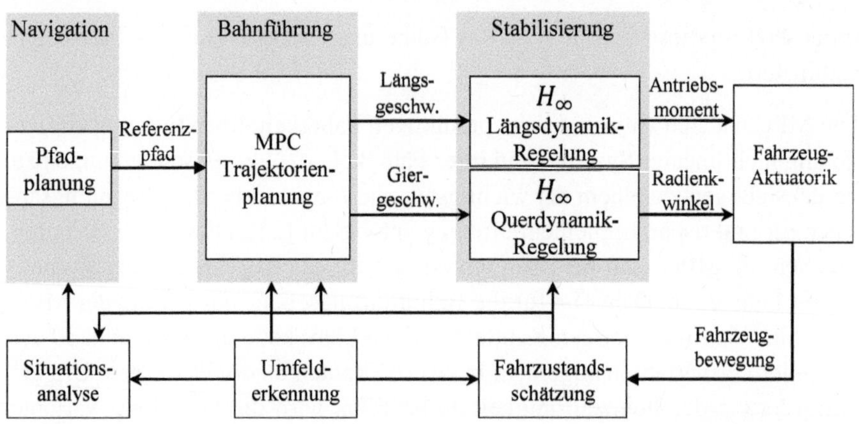

Abbildung 3.2: Das hierarchische Regelungskonzept für die automatisierte
Fahrzeugführung

Unter Einhaltung fahrzeugtechnischer und fahrdynamischer Beschränkungen
werden hierbei speziell die Giergeschwindigkeits- und Längsgeschwindigkeits-
referenzen für die Quer- bzw. Längsdynamikregelung berechnet. In der Stabilisierungsebene werden die Referenztrajektorien robust gegenüber Modellierungsunsicherheiten und äußeren Störungen geregelt bzw. stabilisiert. In der
Längsregelung wird dabei über das Antriebs- bzw. Bremsmoment die Fahrzeuggeschwindigkeit geregelt. Über den Radlenkwinkel wird in der Querregelung
die Giergeschwindigkeit eingestellt. Für die experimentellen Versuchsfahrten
wird für die Beobachtung des Fahrzustandes der Fahrzustandsschätzer nach
Kiebler verwendet [69, 70].

In den folgenden Kapitel werden die Regelungsansätze, welche für die Trajektorienplanung und Folgeregelung bzw. für die Bahnführungs- und Stabilisierungsebene verwendet werden, hergeleitet und evaluiert.

4 Optimierungsbasierte Trajektorienplanung

In diesem Kapitel wird die optimierungsbasierte Trajektorienplanung unter Verwendung der modellprädiktiven Regelung detailliert beschrieben. Bezogen auf das hochautomatisierte Fahren besteht die Grundidee der MPC darin, das zukünftige Fahrzeugverhalten über einen begrenzten Zeithorizont vorherzusagen. Die Prädiktion erfolgt auf Basis des Fahrzeugmodells bzw. der Bewegungsgleichungen und ermöglicht die Berechnung optimaler Stellgrößen. Diese minimieren eine zuvor definierte Kostenfunktion unter Berücksichtigung fahrzeugspezifischer und fahrdynamischer Beschränkungen. Nachdem das Steuersignal über die Aktorik umgesetzt wurde, wird der neue Fahrzeugzustand gemessen und als initialer Zustand für die nächste Optimierungsiteration festgehalten. Die MPC stellt damit einen fortlaufenden Zyklus von Prädiktion und Optimierung des Fahrzeugverhaltens dar.

Eine schematische Darstellung der MPC-Funktionsweise am Beispiel der Referenzverfolgung eines hochautomatisierten Fahrzeugs ist in Abb. 4.1 dargestellt. An dieser Stelle ist es wichtig anzumerken, dass optimale Steuersignale über den gesamten, prädizierten Zeithorizonten berechnet werden. Dafür wird zu jedem Abtastzeitpunkt über den Prädiktionshorizonten T, die in Abb. 4.1 punktförmig dargestellt sind, ein separates Optimal Control Problem (OCP) gelöst. Aus der Optimierung resultieren nicht nur optimale Steuersignale, wie z.B. Radlenkwinkel oder Antriebsmomente, sondern auch entsprechend optimale Trajektorien des Fahrzeugzustands, wie z.B. Fahrzeugposition, Gierrate oder die Längsgeschwindigkeit. Das in rot dargestellte, prädizierte Steuersignal führt zu einer prädizierten Fahrzeugbewegung, welche in blau dargestellt ist. Da die Lenkungsaktorik allerdings aufgrund der mechanischen Limitierung keine unendlich großen Lenkwinkelsignale umsetzen kann, müssen die Lenkwinkelanschläge in der Lenkung bzw. die maximal möglichen Lenkwinkelamplituden, dargestellt als u_{max}, in der Optimierung mitberücksichtigt werden. Das Ziel dieser Optimierung besteht in diesem Fall darin, die Fahrzeugbewegung so zu prädizieren, dass eine Minimierung des Abstandes zur Referenztrajektorie erreicht wird.

© Der/die Autor(en), exklusiv lizenziert an
Springer Fachmedien Wiesbaden GmbH, ein Teil von Springer Nature 2026
M. Saljanin, *Optimierungsbasierte Trajektorienplanung und robuste
Trajektorienfolgeregelung für hochautomatisierte Fahrzeuge*,
Wissenschaftliche Reihe Fahrzeugtechnik Universität Stuttgart,
https://doi.org/10.1007/978-3-658-51447-1_4

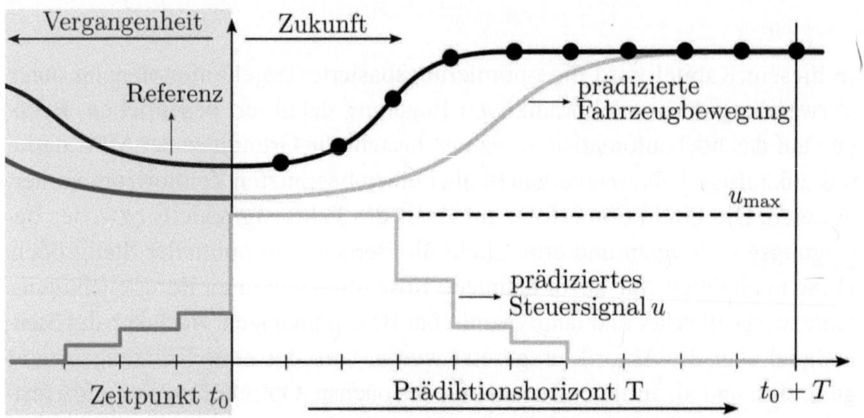

Abbildung 4.1: Schematische Darstellung der MPC-Funktionsweise am Beispiel einer prädizierten Fahrzeugbewegung zur Minimierung des Trajektorienfolgefehlers

Die Kostenfunktionen können unterschiedlich aufgestellt sein, um bestimmte Verhalten in der Fahrzeugbewegung zu erzielen. So kann beispielsweise durch eine hohe Gewichtung der Abweichung von der Referenztrajektorie eine präzise Trajektorienverfolgung erreicht bzw. Abweichungen entsprechend stärker bestraft werden. Eine Erhöhung der Gewichtung auf die maximal zulässige Querbeschleunigung hingegen führt zu einer komfortableren Fahrweise. Ebenso lässt sich eine verbrauchsoptimierte Fahrweise durch eine entsprechende Anpassung der Kostenfunktion realisieren. Insbesondere im Rennsport wird der modellprädiktive Regler genutzt, um optimale Trajektorien auch im fahrdynamischen Grenzbereich zu berechnen. Ein Bestrafen zu einer Referenztrajektorie ist hier allerdings nicht zielführend. Vielmehr geht es in dieser MPC-Anwendung darum, in der Kostenfunktion die Rundenzeit zu minimieren und den erlaubten Fahrbahnbereich zu beschränken.

Die Möglichkeit, Beschränkungen explizit zu berücksichtigen, ist ein wesentlicher Grund für die Popularität der MPC im Bereich der modernen Regelungstechnik. Besonders im Bereich der Fahrdynamikregelung ist die MPC eine sehr naheliegende Regelungsstrategie aufgrund der Möglichkeit, jegliche fahrzeugspezifische und fahrdynamische Beschränkungen vorzunehmen. Dazu zählen unter anderem folgende Beschränkungen:

- **Fahrzeugdynamik**: Beschränkungen in der Fahrzeuggeschwindigkeit, der Gierrate, etc.

- **Reifendynamik**: Beschränkungen des maximal möglichen Kraftschlusses am Reifen oder zulässiger Schräglaufwinkel, etc.

- **Aktuator-Limitierungen**: Beschränkung des maximalen Lenkwinkels, der Lenkwinkelgeschwindikgkeit, des maximal möglichen Drehmoments der Motoren, etc.

- **Anwendungsspezifisch**: Fahrbahnbeschränkungen, Beschränkungen hinsichtlich des Engergieverbrauchs, Hindernisbeschränkungen, etc.

Im Folgenden wird zunächst auf die Grundlagen der modellprädiktiven Regelung bzw. der Optimierung im Allgemeinen eingegangen. Anschließend wird die in dieser Arbeit entwickelte MPC erläutert. Zum einen wird dabei auf die Fahrzeugdynamik und die damit verbundenen Beschränkungen eingegangen. Zum anderen wird die Definition des Kostenfunktionals veranschaulicht.

4.1 Grundlagen der modellprädiktiven Regelung

In der modellprädiktiven Regelung spielt die Optimierung eine fundamentale Rolle. Das Ziel der Optimierung ist es die bestmögliche Lösung unter bestimmten Kriterien zu finden. Je nach Anwendung erfolgen die Iterationen dabei im Millisekundentakt. Die Optimierung umfasst drei wesentliche Elemente:

- Ein (Vektor-)Raum $\mathcal{X}$ an möglichen Entscheidungen.

- Ein Unter(vektor)-Raum $\mathcal{S}$ an passenden Entscheidungen. $\mathcal{S} \subset \mathcal{X}$

- Eine Kosten- oder Zielfunktion f, mit welcher bestimmten Entscheidungen entsprechende Kosten erteilt werden. $f : \mathcal{S} \rightarrow \mathbb{R}$

Die Optimierung zielt darauf ab, eine passende Lösung x mit den geringsten Kosten zu finden. Die Lösung der Optimierung wird als "passend" bezeichnet, wenn sie Teil des Unter(vektor-)Raums $\mathcal{S}$ ist, der aus sinnvoll gewählten Beschränkungen an $\mathcal{X}$ resultiert. Theoretisch ist es bspw. möglich, unendlich große Lenkwinkel zu stellen, welche in der Praxis allerdings durch die Lenkungsaktorik begrenzt sind. Demnach ist das Optimierungsproblem mathematisch wie folgt definiert:

$$\min_{x \in \mathbb{R}^n} f(x) \qquad\qquad \text{Gl. 4.1}$$

$$\text{so, dass} \quad x \in \mathcal{S}$$

Optimierungsprobleme können, abhängig von der Art der Zielfunktion und den Einschränkungen, in verschiedene Kategorien eingeteilt werden. Das allgemeine Optimierungsproblem aus Gl. 4.1 wird als nichtlineares Programm bezeichnet, wenn entweder die Zielfunktion oder die Nebenbedingungen nichtlinear sind. Diese Art von Problemen ist im Allgemeinen komplexer und schwieriger zu lösen als lineare Programme, da die Lösungsräume nicht konvex sind und mehrere lokale Minima oder Maxima enthalten sein können. Bei der linearen Programmierung handelt es sich um Optimierungsprobleme, bei denen sowohl die Zielfunktion als auch die Nebenbedingungen linear sind. Ein lineares Programm ist folgendermaßen definiert:

$$\min_{x \in \mathbb{R}^n} \quad c^T x \qquad\qquad \text{Gl. 4.2}$$

$$\text{so, dass} \quad Ax \leq b$$

Hierbei ist c ein Vektor, der die Koeffizienten der Zielfunktion darstellt, x ist der Vektor der Entscheidungsvariablen, A ist eine Matrix, die die Koeffizienten der Nebenbedingungen enthält und b ist ein Vektor, der die rechten Seiten der Nebenbedingungen darstellt. Die quadratische Programmierung ist ein spezieller Fall der nichtlinearen Programmierung, bei dem die Zielfunktion quadratisch und die Nebenbedingungen linear sind. Ein quadratisches Programm hat die Form:

$$\min_{x \in \mathbb{R}^n} \quad \frac{1}{2} x^T Q x + c^T x \qquad\qquad \text{Gl. 4.3}$$

$$\text{so, dass} \quad Ax \leq b$$

Hierbei ist Q eine symmetrische, positiv semidefinite Matrix. Ein Ansatz zur Lösung solcher Probleme ist die sequenzielle quadratische Programmierung

(SQP), die nichtlineare Probleme durch eine Reihe von quadratischen Approximationsproblemen löst. Das SQP-Verfahren wird in dieser Arbeit eingesetzt, um sowohl die Effizienz bestehender und frei verfügbarer quadratischer Optimierer zu nutzen als auch möglichst präzise Vorhersagen der Fahrzeugbewegung zu ermöglichen. Dazu werden die nichtlinearen Bewegungsgleichungen über den Prädiktionshorizont hinweg iterativ linearisiert. Für jeden vorhergesagten, diskreten Zeitschritt ergibt sich ein separates Optimierungsproblem. Aus Gründen der Recheneffizienz ist in der Praxis daher ein kurzer Prädiktionshorizont vorteilhaft.

4.2 Prädiktionsmodell der Trajektorienplanung

Wie im vorherigen Abschnitt erwähnt, liegt die Grundidee der MPC darin, das zukünftige Fahrzeugverhalten zu prädizieren, um so den Trajektorienfolgefehler zu minimieren. Die Qualität der prädizierten Trajektorien hängt dabei von der Genauigkeit des Fahrzeugmodells ab. Ein zu komplexes Fahrzeugmodell kann jedoch zu hohen Rechenzeiten führen und die Echtzeitfähigkeit der MPC erheblich beeinträchtigen. Daher ist ein einfaches Modell mit hinreichend guter Übereinstimmung zum tatsächlichen Fahrzeugverhalten gewünscht. Für die Beschreibung der Fahrdynamik wird das bewährte Einspurmodell von Riekert-Schunk verwendet [109]. In diesem Modell werden zur Beschreibung der Fahrzeugquerdynamik die Räder einer Achse auf ein gemeinsames Radelement projiziert. In diesem Radelement sind die Kräfte zusammengefasst, die zwischen der jeweiligen Achse und der Fahrbahn übertragen werden. Das Einspurmodell unterliegt den folgenden Annahmen [96]:

- Schwerpunkt liegt in der Fahrbahnebene.

- Vernachlässigung von Hub-, Nick- und Wankbewegungen.

- Gültigkeitsbereich bei Querbeschleunigungen bis etwa 4 m/s^2.

Die Herleitung der Bewegungsgleichungen für das Einspurmodell kann in A.1 nachgeschlagen werden. Für eine genaue Prädiktion der Fahrzeugbewegung muss weiterhin die Dynamik der Lenkung berücksichtigt werden. Elektromechanische Lenkungen bzw. Steer-by-Wire Lenksysteme gewinnen in der modernen Fahrzeugentwicklung immer größere Bedeutung. Diese bieten nicht nur eine genauere und komfortablere Lenkung, sondern sie ermöglichen hochautomatisierte Fahrfunktionen. Elektromechanische Lenkungen unterstützen das Lenkgetriebe zusätzlich durch überlagerte Momente, die von einem im Lenkgetriebe integrierten Elektromotor erzeugt werden. Die Verbindung zwischen Lenkrad und Lenkgetriebe ist dabei mechanisch über die Lenksäule gegeben. Bei Steer-by-Wire Systemen ist diese Verbindung gelöst und die Lenksäule fehlt komplett. Sensoren erfassen hierbei den gewünschten Lenkradbefehl und leiten diesen in Form von elektrischen Signalen an das Lenkgetriebe weiter. Für das in dieser Arbeit verwendete Versuchsfahrzeug werden die Steuersignale in Form von Zahnstangenpositionen vorgegeben. Deswegen wurden die Radlenkwinkel bei entsprechenden Zahnstangenpositionen vermessen und in einer Tabelle hinterlegt, wie in Abb. 4.2 dargestellt ist.

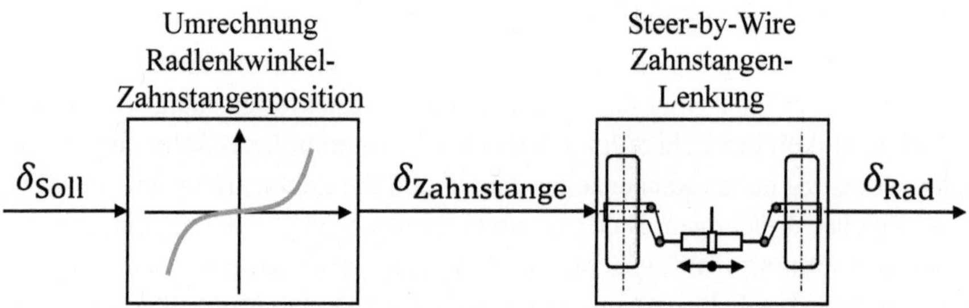

Abbildung 4.2: Umrechnung des gewünschten Radlenkwinkels in die erforderliche Zahnstangenposition des Lenkgetriebes

Die Kommunikation erfolgt dabei üblicherweise über CAN (Controller Area Network) oder FlexRay. Diese Kommunikationsprotokolle gewähren zwar eine zuverlässige Signalübertragung, führen aber auch zu Übertragungslatenzen, die nicht zu vernachlässigen sind. Lenkungssysteme weisen eine mehr oder weniger große Trägheit auf, d.h. die Lenkung kann nicht unverzüglich auf Soll-Vorgaben reagieren. Deswegen ist es für genaue Prädiktionen von großer Wichtigkeit, die Latenzkette vom Lenkwinkelbefehl bis zum tatsächlichen Einstellen zu berücksichtigen. Mit Hilfe eines mathematischen Modells der Lenkungsdynamik kann das Lenkverhalten in der prädiktiven Trajektorienplanung berücksichtigt werden. Das Lenkverhalten kann ausreichend genau mit einem PT1-Verhalten angenährt werden [54, 62]:

$$\tau_\delta \dot{\delta}^{\text{Ist}} + \delta^{\text{Ist}} = \delta^{\text{Soll}}$$

Gl. 4.4

Dabei beschreibt δ^{Ist} den aktuellen und δ^{Soll} den gewünschten Lenkwinkel. Als Entscheidungs- bzw. Stellgröße des Reglers wird deswegen nicht der Lenkwinkel δ, sondern die Lenkwinkeländerungsrate $\dot{\delta}$ definiert. Dadurch wird die technische Limitierung der Lenkung in Amplitude und Geschwindigkeit berücksichtigt. Mit der Längsbeschleunigung a_x als weitere Stellgröße ist es dem Regler möglich, der Geschwindigkeitsreferenz v_{ref} zu folgen. Um die Geschwindigkeitsreferenz in Abhängigkeit der Pfadkrümmung κ und der maximal zulässigen Querbeschleunigung $a_{y,\text{max}}$ anzupassen, ist sie folgendermaßen definiert:

$$v_{\text{ref}} = \sqrt{\frac{a_{y,\text{max}}}{\kappa}}$$

Gl. 4.5

Die Krümmung des Pfades wird dabei über folgende Beziehung erhalten:

$$\kappa_{\text{tats.}} = \frac{|p'_x(s)p''_y(s) - p'_y(s)p''_x(s)|}{\left(p'_x(s)^2 + p'_y(s)^2\right)^{3/2}}$$

Gl. 4.6

p_x und p_y resultieren aus der Pfadplanung und beschreiben die Koordinaten des Referenzpfads. Damit aus Gl. 4.5 eine kontinuierliche Geschwindigkeitsreferenz resultiert, muss eine kontinuierliche Krümmung des Pfades vorliegen. Sprünge im Krümmungsverlauf, die durch geringe Positionsänderungen resultieren, führen zu unerwünschten Sprüngen im Verlauf der Geschwindigkeitsreferenz. Eine Möglichkeit dies zu unterbinden, liegt in der klothoiden Pfadplanung. Als Klothoide sind Kurven bezeichnet, die eine kontinuierliche Krümmung entlang ihrer Bogenlänge aufweisen. Eine andere Möglichkeit besteht darin, die zulässige Krümmungsänderung $\dot{\kappa}$ vom MPC berechnen zu lassen. Dafür wird ein zusätzliches Fehlermaß bzgl. der tatsächlichen Pfadkrümmung in Gl. 4.6 eingeführt:

$$e_\kappa = \kappa_{\text{tats.}} - \kappa$$

Gl. 4.7

Der Fehler zum tatsächlichen Krümmungsverlauf wird über die Gewichtsmatrix Q bestraft. Dadurch wird ein kontinuierlicher Verlauf der Krümmung erreicht, wie in Abb 4.3 dargestellt ist.

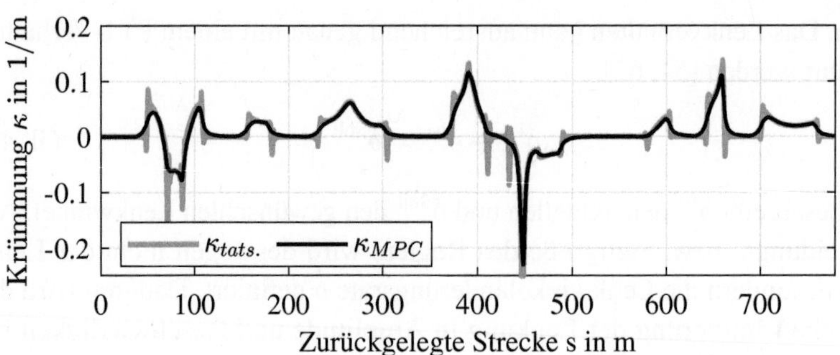

Abbildung 4.3: Gegenüberstellung eines unstetigen Krümmungsverlaufs mit dem optimierten, stetigen Verlauf der MPC

Sprunghafte Änderungen im Krümmungsverlauf sind durch eine Beschränkung der Änderungsrate $\dot{\kappa}$ unterbunden, während die maximal befahrbare Pfadkrümmung durch eine Beschränkung von κ berücksichtigt wird. Das Prädiktionsmodell für die Trajektorienplanung resultiert aus den Bewegungsgleichungen des Fahrzeugs, der Reifendynamik, der Lenkungsdynamik und der Berücksichtigung einer kontinuierlichen Krümmung. Es kann in kompakter Schreibweise wie folgt definiert werden:

$$\dot{x} = f(x, u)$$
$$y = h(x)$$

Gl. 4.8

Der Stellgrößen- bzw. Entscheidungsvektor $u \in \mathbb{R}^m$ und der Zustandsvektor $x \in \mathbb{R}^n$ der modellprädiktiven Trajektorienplanung sind definiert als:

$$u = [\dot{\delta}, a_x, \dot{\kappa}]^T$$

Gl. 4.9

$$x = [v_x, v_y, \psi, \dot{\psi}, \beta, s, e_l, e_\psi, F_{S,v}, F_{S,h}, \delta^{\text{Ist}}, \delta^{\text{Soll}}, \kappa]^T$$

Gl. 4.10

Als Ausgangsvektor $y \in \mathbb{R}^p$ werden die messbaren Größen des Positions- und Orientierungsfehlers, e_l und e_ψ, die Geschwindigkeit v_x im Schwerpunkt des Fahrzeugs sowie die Krümmung des Pfades κ gewählt:

$$h(x) = [v_x, e_l, e_\psi, \kappa]^T$$

Gl. 4.11

Die Fahrzeuggeschwindigkeit in Längs- und Querrichtung wird mit v_x und v_y bezeichnet, der Gierwinkel bzw. die Giergeschwindigkeit mit ψ bzw. $\dot{\psi}$. Der

Winkel zwischen der Fahrzeuglängsachse und dem resultierenden Geschwindigkeitsvektor wird als Schwimmwinkel β beschrieben. Für die Beschreibung des Folgefehlers sind die zurückgelegte Strecke s, der Positionsfehler e_l und der Orientierungsfehler e_ψ eingeführt. Die Reifenquerkräfte $F_{S,v}$ und $F_{S,h}$ sind für die Berücksichtigung der Reifendynamik in den Zustandsvektor mitaufgenommen. δ^{Ist} und δ^{Soll} dienen der Beschreibung der Lenkungsdynamik. Gewöhnlich werden Prädiktionsmodelle der MPC in diskreter Form dargestellt, da die Opimierung für bestimmte, diskrete Zeitpunkte über den Prädiktionshorizonten erfolgt. Für die Anwendung wird Gl. 4.8 daher linearisiert und diskretisiert. Durch eine iterative Linearisierung um den momentanen Arbeitspunkt $(\boldsymbol{x}_0, \boldsymbol{u}_0)$ kann Gl. 4.8 umformuliert werden zu:

$$\boldsymbol{x}_{k+1} = \boldsymbol{A}_k \boldsymbol{x}_k + \boldsymbol{B}_k \boldsymbol{u}_k + \boldsymbol{w}_k \qquad \text{Gl. 4.12}$$

$$\boldsymbol{y}_k = \boldsymbol{C}_k \boldsymbol{x}_k$$

Die Dynamik-Matrix $\boldsymbol{A}_k \in \mathbb{R}^{n \times n}$ und die Eingangsmatrix $\boldsymbol{B}_k \in \mathbb{R}^{n \times m}$ stellen dabei Jacobi-Matrizen dar, welche durch Linearisierung um den Arbeitspunkt $(\boldsymbol{x}_k, \boldsymbol{u}_k)$ resultieren. Mathematisch bedeutet dies ein partielles Ableiten der nichtlinearen Bewegungsgleichungen aus Gl. 4.8 nach den n Zuständen in $\boldsymbol{x}$, bzw. den m Stellgrößen in $\boldsymbol{u}$.

$$\boldsymbol{A}_k = \left.\frac{\partial f}{\partial \boldsymbol{x}}\right|_{(\boldsymbol{x}_k, \boldsymbol{u}_k)} = \left[\frac{\partial f}{\partial x_1} \cdots \frac{\partial f}{\partial x_n}\right] = \begin{bmatrix} \frac{\partial f_1}{\partial x_1} & \cdots & \frac{\partial f_1}{\partial x_n} \\ \vdots & \ddots & \vdots \\ \frac{\partial f_n}{\partial x_1} & \cdots & \frac{\partial f_n}{\partial x_n} \end{bmatrix} \qquad \text{Gl. 4.13}$$

$$\boldsymbol{B}_k = \left.\frac{\partial f}{\partial \boldsymbol{u}}\right|_{(\boldsymbol{x}_k, \boldsymbol{u}_k)} = \left[\frac{\partial f}{\partial u_1} \cdots \frac{\partial f}{\partial u_m}\right] = \begin{bmatrix} \frac{\partial f_1}{\partial u_1} & \cdots & \frac{\partial f_1}{\partial u_m} \\ \vdots & \ddots & \vdots \\ \frac{\partial f_n}{\partial u_1} & \cdots & \frac{\partial f_n}{\partial u_m} \end{bmatrix} \qquad \text{Gl. 4.14}$$

Mit Hilfe der Ausgangsmatrix $\boldsymbol{C}_k \in \mathbb{R}^{p \times n}$ werden die Zustände in Gl. 4.11 aus dem Zustandsvektor $\boldsymbol{x}_k$ selektiert. Über den Term $\boldsymbol{w}_k$ wird die Abweichung des nichtlinearen Fahrzeugverhaltens aus Gl. 4.8 von der linearen Annäherung erfasst:

$$\boldsymbol{w}_k = f(\boldsymbol{x}_k, \boldsymbol{u}_k) - \boldsymbol{A}_k \boldsymbol{x}_k - \boldsymbol{B}_k \boldsymbol{u}_k \qquad \text{Gl. 4.15}$$

Damit dient $\boldsymbol{w}_k$ als Kompensationsterm zur Erfassung der Nichtlinearitäten, welche durch die Linearisierung um den aktuellen Betriebspunkt verloren gehen.

Bei der iterativen Linearisierung, wie sie in Gl. 4.12 definiert ist, handelt es sich um zeitlich variierende Matrizen, weshalb diese Darstellung als lineares, zeitvariantes (LTV) System bezeichnet wird.

4.3 Fahrdynamische Beschränkungen

Der große Vorteil der MPC gegenüber anderen Verfahren liegt in der Fähigkeit, Beschränkungen während der Optimierung zu berücksichtigen. Dies ist für die fahrdynamische Trajektorienplanung von großer Bedeutung, da bspw. der Aktorik, den Reifen oder anderen spezifischen Anwendungen Grenzen vorliegen. Deswegen wird im Folgenden auf die gewählten Beschränkungen eingegangen. Die Lenkung ist sowohl in der Amplitude als auch in der Änderungsrate limitiert. Der Lenkradwinkel δ ist mechanisch durch Endanschläge in der Aktorik beschränkt. Die Schnelligkeit eines Aktors hängt bspw. von der Versorgungsspannung und der Stromstärke ab. Zu hohe Lenkwinkeländerungen die von der Regelung gefordert werden, von der Aktorik jedoch nicht umsetzbar sind, können zu Stromspitzen bzw. Überlast und damit zu einem Ausfall der Aktorik führen. Deswegen ist die Berücksichtigung der Lenkwinkeländerungsrate von großer Bedeutung. Die Endanschläge und die mögliche Änderungsrate der Lenkung werden folgendermaßen definiert:

$$\delta_{\min} \leq \delta_k \leq \delta_{\max} \qquad \text{Gl. 4.16}$$

$$\dot{\delta}_{\min} \leq \dot{\delta}_k \leq \dot{\delta}_{\max} \qquad \text{Gl. 4.17}$$

Analog zur Berücksichtigung der Lenkungsaktorikgrenzen müssen auch Limitierungen des Antriebs definiert werden. Diese werden in Form von Beschränkungen an die Längsbeschleunigung a definiert:

$$a_{\min} \leq a_k \leq a_{\max} \qquad \text{Gl. 4.18}$$

Zudem müssen dynamische Beschränkungen des Fahrzeugs beachtet werden, um eine stabile Fahrweise sicherzustellen. Durch die Begrenzung der Schräglaufwinkel an Vorder- und Hinterachse (α_v und α_h) wird angestrebt, die Seitenkraft der Reifen im linearen Betriebsbereich zu halten, wie in Abb. 4.4 dargestellt.

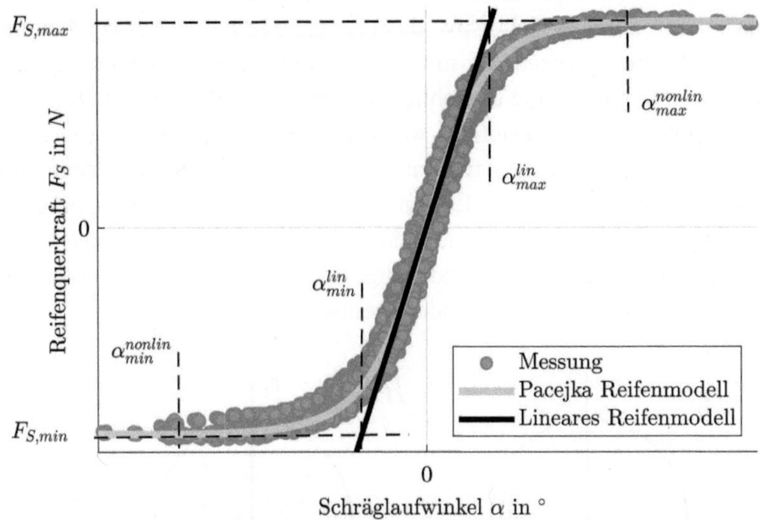

Abbildung 4.4: Darstellung der Reifenquerkraft über den Schräglaufwinkel

Deshalb sind die Grenzwerte für die Schräglaufwinkel wie folgt festgelegt:

$$\alpha_{v,\min}^{lin} \leq \alpha_{v,k} \leq \alpha_{v,\max}^{lin} \qquad \text{Gl. 4.19}$$

$$\alpha_{h,\min}^{lin} \leq \alpha_{h,k} \leq \alpha_{h,\max}^{lin} \qquad \text{Gl. 4.20}$$

Aus modellierungstechnischer Sicht bietet die Einführung dieser Beschränkung den Vorteil, dass auf komplexere Reifenmodellierungsansätze, wie das Pacejka Reifenmodell [99], verzichtet werden kann. Stattdessen wird im Rahmen dieser Arbeit von der deutlich weniger komplexen, linearen Beziehung Gebrauch gemacht. Im linearen Bereich berechnet sich die Reifenquerkraft F_S aus den wirkenden Schräglaufwinkel α mit Hilfe der Schräglaufsteifigkeit c_α:

$$F_S = c_\alpha \alpha \qquad \text{Gl. 4.21}$$

Die Beschränkung der Schräglaufwinkel und die damit verbundene Verwendung der linearen Beziehung ist allerdings nur für Fahrsituationen geeignet, die keine hochdynamischen Manöver erfordern und in denen es nicht notwendig ist, den nichtlinearen Grenzbereich der Reifenquerkräfte zu erreichen. Sollen hingegen Trajektorien entworfen werden, die das Fahrzeug in den Grenzbereich führen, empfiehlt es sich bspw. das Pacejka-Modell zu verwenden und die Schräglaufwinkelgrenzen α^{lin} mit α^{nonlin} zu ersetzen. Zusätzlich zu den Schräglaufwinkeln müssen die tatsächlich übertragbaren Reifenkräfte bzw. das Kraftschlusspotential berücksichtigt werden. Dieses Potential lässt sich anschaulich mit dem Kammschen Kreis darstellen. Mit Hilfe dieser Beschränkung soll in der Optimierung die Beschleunigung a_x so berechnet werden, dass das verbleibende Längskraftpotential, wie es in Abb. 4.5 dargestellt ist, eingehalten wird. Die Reifenquerkraft ist in schwarz dargestellt und das daraus resultierende Längskraftpotenzial, für Antreiben oder Bremsen, in grau.

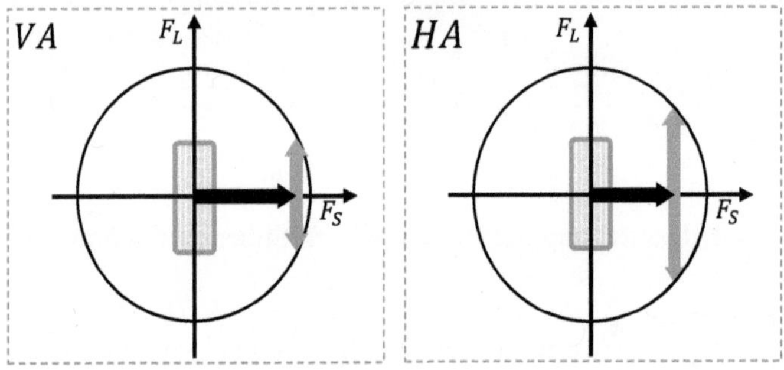

Abbildung 4.5: Darstellung der Reifenkräfte anhand des Kammschen
Kreises an der Vorder- und Hinterachse

Die resultierende Kraft, die sich aus der Überlagerung von Längs- und Querkraft ergibt, ist durch das Produkt aus Kraftschluss und Normalkraft begrenzt. Mathematisch lässt sich diese Beziehung wie folgt darstellen:

$$F_L^2 + F_S^2 \leq \mu_{\text{max}}^2 F_N^2 \qquad\qquad \text{Gl. 4.22}$$

Zusätzlich können weitere anwendungsspezifische Beschränkungen formuliert werden. Im Falle der Trajektorienfolge ist es sinnvoll einen Toleranzbereich für den Positionsfehler e_l zu definieren, damit das Fahrzeug innerhalb der Fahrbahngrenzen bleibt:

$$e_{l,\text{min}} \leq e_{l,k} \leq e_{l,\text{max}} \qquad\qquad \text{Gl. 4.23}$$

Damit sind die notwendigen Beschränkungen für die Trajektorienplanung aufgezeigt. Die Grundlagen der MPC und die Wichtigkeit der Optimierung sind in den vorherigen Kapiteln beschrieben. Im Folgenden wird das resultierende OCP vorgestellt.

4.4 Formulierung des Optimalsteuerungsproblems

Mit der Erläuterung der Kostenfunktion und den fahrdynamisch relevanten Beschränkungen in den vorherigen Kapitel kann das allgemeine Optimierungsproblem aus Gl. 4.1 spezifiziert werden. Das übergeordnete Ziel der Optimierung liegt in der Minimierung des Trajektorienfolgefehlers. Die Kostenfunktion $J(e, u, s)$ ist daher definiert als:

$$J(e, u, s) = \sum_{i=1}^{N-1} e_{(i|k)}^T Q e_{(i|k)} + u_{(i|k)}^T R u_{(i|k)} + \lambda s_i^2 \qquad \text{Gl. 4.24}$$
$$+ e_{(N|k)}^T Z e_{(N|k)}$$

Die Schreibweise $(\cdot|k)$ bezeichnet hierbei prädizierte Trajektorien zum Zeitpunkt k. Der Trajektorienfolgefehler $e_{(i|k)}$ ist definiert als Abweichung des messbaren Fahrzustands $y_{(i|k)}$ von der Referenztrajektorie $r_{(i|k)}$:

$$e_{(i|k)} = y_{(i|k)} - r_{(i|k)} \qquad \text{Gl. 4.25}$$

Mit der Gewichtsmatrix Q lässt sich die Abweichung zur Referenztrajektorie r bestrafen. Entsprechend kann über die Matrix R der Energieaufwand der Stellgröße gewichtet werden. Aus Gründen des Komforts wird ein sanftes Stellgrößenverhalten gegenüber einem aggressiven bevorzugt, weshalb größere Lenkwinkel zu höheren Kosten führen als kleinere. Die Gewichtsmatrizen müssen daher so gewählt sein, dass $Q \geq 0$ (positiv semi-definit) und $R > 0$ (positiv definit) gilt. Für $R = 0$ wäre es (theoretisch) möglich, unendlich starke Stellgrößen kostenlos zu stellen.

Mit Hilfe der Toleranzvariablen s_i (engl.: slack variable) werden weiche Beschränkungen aufgestellt. Dadurch wird dem Optimierer ein gewisser Grad an Flexibilität gewährt. Ist es bspw. in bestimmten Fahrsituationen dem Optimierer nicht möglich, optimale Lenkwinkel zu berechnen, welche den hart beschränkten Schräglaufwinkel genügen, wäre das OCP damit nicht lösbar. Deswegen ist es besonders für dieses Beispiel wichtig, die slack-Variablen einzuführen, die ein geringes Überschreiten der festgesetzten Limitierungen gewährleisten. Allerdings geschieht dies nicht kostenlos. Da diese nur in Grenzsituationen aktiv sind, wird üblicherweise ein hohes Gewicht über λ auf s_i gesetzt.

Die finalen Kosten am Ende des Prädiktionshorizonten sind mit $e_{(N|k)}^T Z e_{(N|k)}$ bezeichnet. Mit diesen kann die Performanz der MPC deutlich erhöht werden [63]. Das OCP ist schließlich folgendermaßen aufgestellt:

$$\min_{e,u,s} \quad J(e, u, s) \qquad \text{Gl. 4.26}$$

$$\text{so, dass} \quad x_k = x_{(0|k)} \qquad \text{Gl. 4.27}$$

$$x_{(i+1|k)} = A_k x_{(i|k)} + B_k u_{(i|k)} + w_k \qquad \text{Gl. 4.28}$$

$$y_{(i|k)} = C_k x_{(i|k)} \qquad \text{Gl. 4.29}$$

$$\delta_{\min} \le \delta_{(i|k)} \le \delta_{\max} \qquad \text{Gl. 4.30}$$

$$\Delta\delta_{\min} \le \Delta\delta_{(i|k)} \le \Delta\delta_{\max} \qquad \text{Gl. 4.31}$$

$$a_{x,\min} \le a_{x,(i|k)} \le a_{x,\max} \qquad \text{Gl. 4.32}$$

$$\kappa_{\min} \le \kappa_{(i|k)} \le \kappa_{\max} \qquad \text{Gl. 4.33}$$

$$\Delta\kappa_{\min} \le \Delta\kappa_{(i|k)} \le \Delta\kappa_{\max} \qquad \text{Gl. 4.34}$$

$$i \in [0, N-1]$$

$$v_{x,\min} \le v_{x,(i|k)} \le v_{x,\max} \qquad \text{Gl. 4.35}$$

$$e_{l,\min} \le e_{l,(i|k)} \le e_{l,\max} \qquad \text{Gl. 4.36}$$

$$\alpha_{v,\min} - s_{\alpha_v} \le \alpha_{v,(i|k)} \le \alpha_{v,\max} + s_{\alpha_v} \qquad \text{Gl. 4.37}$$

$$\alpha_{h,\min} - s_{\alpha_h} \le \alpha_{h,(i|k)} \le \alpha_{h,\max} + s_{\alpha_h} \qquad \text{Gl. 4.38}$$

$$s_{\alpha_v} \ge 0, \quad s_{\alpha_h} \ge 0 \qquad \text{Gl. 4.39}$$

$$i \in [1, N]$$

In Gl. 4.27 - Gl. 4.29 sind die Beschränkungen durch die Fahrdynamik gegeben, wobei mit Gl. 4.27 die Anfangsbedingung gemeint ist. In Gl. 4.30 - Gl. 4.34 sind die Beschränkungen an die Stellgrößen definiert, welche aus den Begrenzungen in der Aktorik resultieren. Dabei meint δ die Lenkwinkelamplitude und $\Delta\delta$ die Lenkwinkeländerungsrate. In Gl. 4.35 - Gl. 4.38 sind die Zustandsbeschränkungen aufgelistet, wobei die Beschränkungen der Schräglaufwinkel an Vorder- und Hinterachse in Gl. 4.37 - Gl. 4.38 als weiche Beschränkungen definiert sind.

4.5 Simulative Evaluation der Trajektorienplanung

Ein wesentlicher Vorteil der modellprädiktiven Trajektorienplanung liegt in der Flexibilität, unterschiedliche Fahrverhalten zu erreichen. Dies geschieht durch einfache Anpassungen des Kostenfunktionals. Zum Beispiel kann durch die Anpassung der Gewichtsmatrizen ein komfortableres oder sportlicheres Fahrverhalten eingestellt werden. Eine höhere Gewichtung der Gierrate oder der lateralen Geschwindigkeit führt demnach zu einer komfortableren Fahrweise. Wenn das Ziel hingegen die Minimierung der Rundenzeit ist, werden Trajektorien generiert, die zu einem sportlicheren und rennartigen Fahrverhalten führen. In Abb. 4.6 sind entsprechende Trajektorien für die Streckenabschnitte "Kehre" und "Schikane" dargestellt. Dabei folgen die Trajektorien, die den Folgefehler minimieren, der Mittellinie als Referenzpfad. Im Gegensatz dazu orientieren sich die zeitoptimalen Trajektorien lediglich an den Begrenzungen der Fahrbahn.

Die Kostenfunktion für diesen Fall kann so eingestellt werden, dass die Rundenzeit minimiert wird oder höhere Geschwindigkeiten belohnt werden, was zu dem abgebildeten Verlauf der Trajektorie führt. Das Ziel des in dieser Arbeit entwickelten Trajektorienplaners besteht jedoch darin, den Folgefehler zum Referenzpfad zu minimieren. Die MPC wird daher insbesondere im Hinblick auf die Einhaltung von Beschränkungen untersucht. Zum einen wird geprüft, ob die Grenzen der Lenkungsaktorik an einer Schikane eingehalten werden. Zum anderen wird die Einhaltung fahrdynamischer Beschränkungen anhand eines Streckenverlaufs analysiert, der an die Goodyear-Kehre des Nürburgrings angelehnt ist.

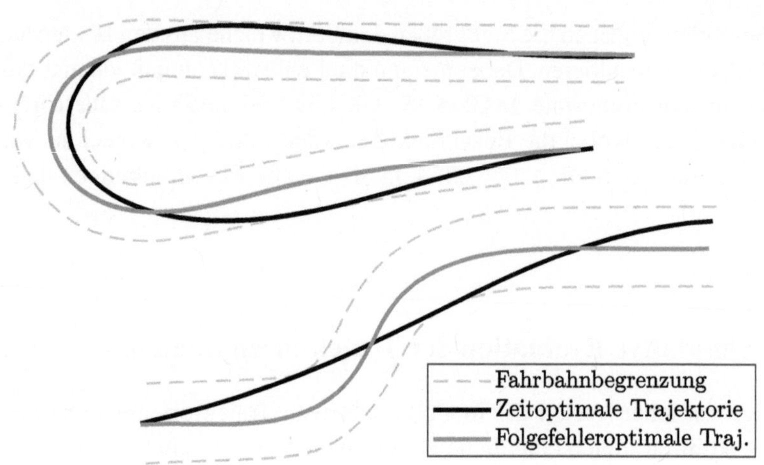

Abbildung 4.6: Trajektorien mit minimalem Folgefehler und minimaler
Rundenzeit für Kehre und Schikane im Vergleich

Das Ziel der Trajektorienplanung ist es den Positions- und Orientierungsfehler
des Fahrzeugs zu minimieren, weshalb in der nachfolgenden Auswertung der
Referenzpfad und die geplante Trajektorie der Position nahezu identisch sind.
Für die nachfolgenden Auswertungen sind die Grenzwerte der Stellgrößen und
des Zustandes in Tab. 4.1 und Tab. 4.2 dargestellt.

Stellgröße	Einheit	Min.	Max.
$\Delta\delta$	$°/s$	-6	6
a_x	m/s^2	-4	2,2
$\Delta\kappa$	$1/ms$	-0,1	0,1

Zustand	Einheit	Min.	Max.
e_y	m	-0,5	0,5
v	m/s	0,5	33,3
δ	$°$	-30	30
κ	$1/m$	-0,2	0,2
α_v	$°$	-1,5	1,5
α_h	$°$	-3	3

Tabelle 4.1: Beschränkungen der
Stellgrößen in der MPC

Tabelle 4.2: Beschränkungen der Zustände in der MPC

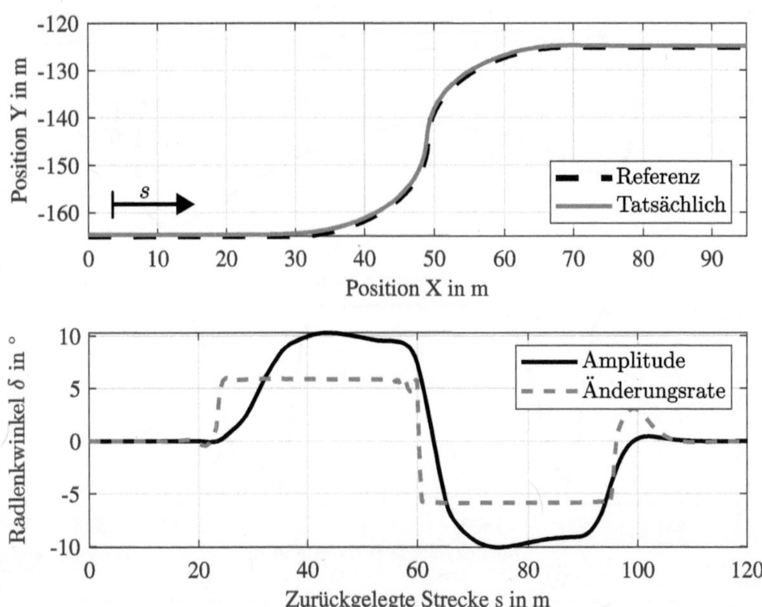

Abbildung 4.7: Auswertung der modellprädiktiven Trajektorienplanung am Beispiel der Schikane

In Abb. 4.7 ist die geplante Positionstrajektorie entlang der Schikane zu sehen. Dabei ist der Radlenkwinkel und die entsprechende Änderungsrate aufgezeichnet. Es lässt sich beobachten, dass in der Links- und Rechtskurve jeweils die Beschränkung der Änderungsrate erreicht wird. In Abb. 4.8 ist die Trajektorie des Kehrenabschnitts zu sehen. Es ist zu erkennen, dass in der Einfahrt zur Kehre die Geschwindigkeitsgrenze eingehalten wird. Auch hinsichtlich des Schräglaufwinkels und des möglichen Kraftschlusspotentials werden die Beschränkungen eingehalten. Interessant zu beobachten ist der Schräglaufwinkel an der Vorderachse. In beiden Rechtskurven wird die Grenze leicht überschritten. Dies ist erlaubt aufgrund der weichen Beschränkung, welche mit der slack-Variable $s_{\alpha,v}$ aus Gl. 4.37 relaxiert wird. Desweiteren lässt sich erkennen, wie das maximal mögliche Längskraftpotenzial vollständig ausgenutzt wird. Für diese Beschränkung ist $\mu_{\text{res}} = 0.3$ gewählt [90].

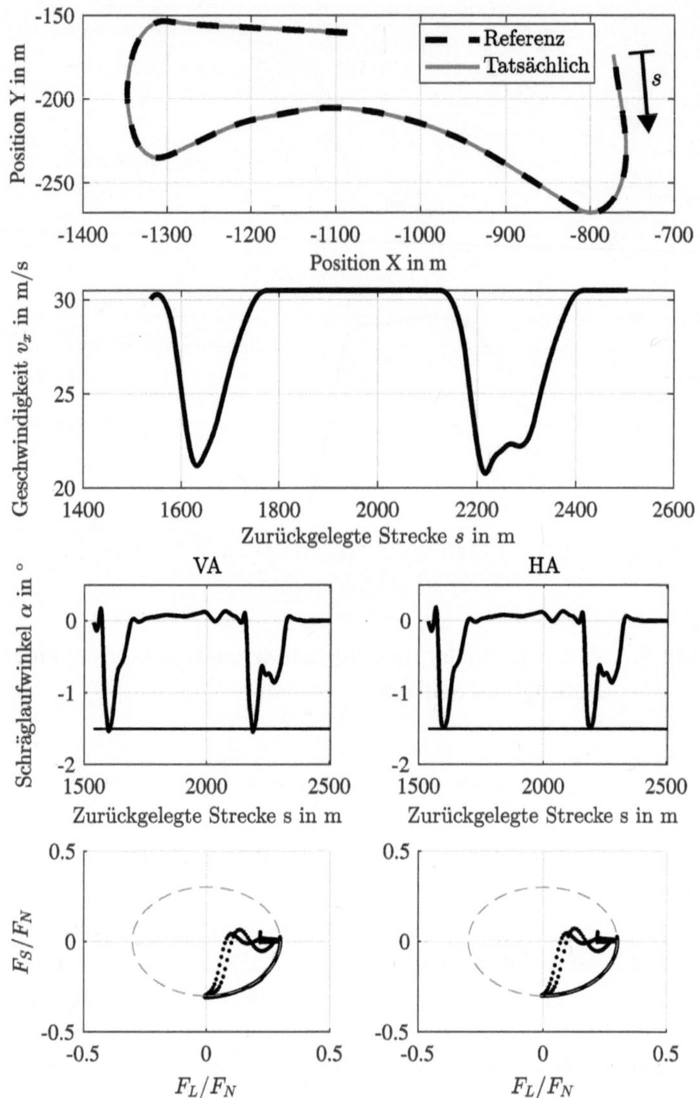

Abbildung 4.8: Auswertung der modellprädiktiven Trajektorienplanung am Beispiel der Goodyear-Kehre

4.6 Zusammenfassung

In diesem Kapitel ist die entwickelte Methode für die Trajektorienplanung vorgestellt, die auf dem Konzept der modellprädiktiven Regelung beruht. Für die Prädiktion der zukünftigen Fahrzeugbewegung kommen dabei die nichtlinearen Bewegungsgleichungen des Einspurmodells zum Einsatz. In der Modellierung der Fahrdynamik wird dabei die Längs- und Querdynamik gekoppelt betrachtet, wodurch die MPC in der Lage ist, optimal abgestimmte Steuersignale für den Antrieb als auch für die Lenkung zu berechnen. Die Integration der Reifendynamik im Prädiktionsmodell sorgt dafür, dass weichere Trajektorien geplant werden, die für das Fahrzeug umsetzbar sind.

In diesem Sinne werden die für das Fahrzeug umsetzbaren Trajektorien optimal bezüglich fahrzeugspezifischer Eigenschaften berechnet, d.h. unter Berücksichtigung der Fahrzeugdynamik, der Aktordynamik und fahrzeugspezifischer Beschränkungen. Die Berücksichtigung der Lenkungsdynamik sorgt dafür, dass die Totzeit vom Lenkwinkelkommando bis zum tatsächlichen Einstellen berücksichtigt wird. Dadurch wird eine Kompensation der Totzeit durch die Prädiktion erreicht. Für die Planung von Trajektorien, die das Fahrzeug im linearen Betriebsbereich halten, sind Beschränkungen an die Schräglaufwinkel und dem Kraftschlusspotential aufgestellt.

Das Ziel dieser Trajektorienplanung ist die Minimierung des Positionsfehlers unter Berücksichtigung der genannten Beschränkungen. Um die Anforderung der Echtzeitfähigkeit zu erfüllen und Optimierungen im Millisekundentakt zu ermöglichen, werden effiziente Algorithmen auf Basis der quadratischen Programmierung genutzt, wobei die nichtlinearen Bewegungsgleichungen iterativ linearisiert werden.

Das folgende Kapitel beschäftigt sich mit der Frage, wie die geplanten Trajektorien stabilisiert werden können. Diese Frage ist vor allem dann interessant, wenn die Parametrierung des Fahrzeugmodells vom realen Fahrzeug abweicht.

5 Robuste Trajektorienfolgeregelung

Im vorherigen Kapitel ist die prädiktive Trajektorienplanung vorgestellt, deren Ziel es ist, unter Berücksichtigung von fahrzeugtechnischer und fahrdynamischer Beschränkungen Trajektorien über einen fest definierten Prädiktionshorizont zu planen. Die prädizierten Trajektorien der Giergeschwindigkeit und der Längsgeschwindigkeit werden als Referenz an den untergeordneten Trajektorienfolgeregler übergeben. Dem Regler liegt dabei ein vereinfachtes, mathematisches Modell der Fahrzeuglängs bzw. -querdynamik zugrunde.

Mathematische Modelle stellen in erster Linie eine Annäherung an die physikalische Wirklichkeit dar. Daher sind sie grundsätzlich mit Unsicherheiten behaftet, die aus ungenauen oder veränderlichen Parametern resultieren. Diese wiederum entstehen durch Messungenauigkeiten oder die Schwierigkeit, alle dynamischen Phänomene vollständig zu erfassen. Selbst wenn ein System nahezu perfekt modelliert werden könnte, wäre die resultierende Beschreibung zu komplex, um eine effiziente Analyse zu ermöglichen. Dies gilt insbesondere für den Reglerentwurf, bei dem recheneffiziente Modelle erforderlich sind. Daher ist es in der Praxis ratsam, ein möglichst einfaches Modell zu verwenden, welches die physikalischen Zusammenhänge des Systems hinreichend gut abbildet und der Modellierungsfehler explizit berücksichtigt wird. Das zu regelnde physikalische System wird im Folgenden als Regelstrecke oder vereinfacht als Strecke bezeichnet. Der Modellierungsfehler ist in der Regelungstechnik als Unsicherheit definiert. An dieser Stelle ist es wichtig anzumerken, dass weder das System, noch das Modell unsicher sind. Viel mehr ist es das Wissen über die physikalische Strecke, das als unsicher bezeichnet wird [115].

Aufgrund dieser unvermeidbaren Unsicherheiten sind zwei zentrale Begriffe für die Beurteilung von Regelkreisen besonders wichtig: Robustheit und Performanz. Für das bessere Verständnis dieser Begriffe werden sie zunächst in allgemein verständlicher Form erläutert, bevor ihre mathematische Definition und die damit verbundenen Anforderungen an den Regelkreis im weiteren Verlauf des Kapitels eingeführt werden. Die Robustheit eines Regelkreises ist durch die Fähigkeit charakterisiert, auch im Fall von Unsicherheiten eine stabile

Funktionsweise beizubehalten. Die Performanz hingegen beschreibt die Art und Weise wie der Regelkreis der Referenzgröße folgt und gleichzeitig externe Störgrößen kompensiert. Sie charakterisiert daher die Güte des Regelkreises.

Wie bereits in der Einleitung erwähnt, sind die meisten Ansätze für die Trajektorienfolgeregelung auf eine festgelegte Fahrzeugparametrierung ausgerichtet. In der Realität ist dies jedoch nicht gegeben. Parameter wie bspw. die Fahrzeugmasse unterliegen, aufgrund variierender Fahrzeugbeladung, erheblichen Schwankungen. Ein Ziel der Trajektorienfolgeregelung besteht daher darin, der Referenz trotz Modellierungsungenauigkeiten robust zu folgen.

In diesem Kapitel wird der robuste Regelungsentwurf für die Trajektorienfolgeregelung erläutert. Dafür werden zu Beginn die Grundlagen der Regelungstechnik erklärt. Anschließend wird auf die Unsicherheiten eingegangen, die sich auf das verwendete Fahrzeugmodell für die Längs- und Querdynamik beziehen. Dabei werden sowohl parametrische als auch dynamische Unsicherheiten im Längs- und Querdynamikmodell erläutert und modelliert. Für den Entwurf von robusten Reglern gibt es je nach Größe der Unsicherheiten verschiedene Entwurfs- bzw. Syntheseverfahren, die im Folgenden erläutert werden. Der Vorteil dieser Entwurfsverfahren besteht darin, dass eine Garantie erhalten wird - eine Garantie dafür, dass der Regler unter den definierten Unsicherheiten die Strecke robust stabilisiert. Abschließend wird die Performanz des Reglers ausführlich analysiert und bewertet.

5.1 Grundlagen der robusten Regelung

In der modellbasierten Regelung wird dem Regler ein Modell des Systems zugrunde gelegt. Dieses Modell wird mit Hilfe physikalischer Prinzipien oder durch Daten, die aus experimentellen Versuchen gewonnen werden, hergeleitet. Grundsätzlich sind jedoch alle Modelle fehlerhaft und geben die physikalische Wirklichkeit nur annähernd wider. Die Herausforderung in der Modellbildung besteht darin, ein möglichst einfaches Modell zu verwenden, welches das wahre Verhalten eines Systems hinreichend genau abbildet.

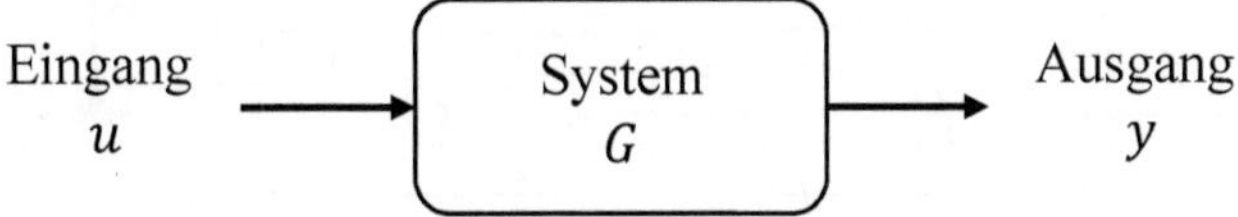

Abbildung 5.1: Schematische Darstellung eines Systems G, mit dem Eingangssignal u und dem entsprechenden Ausgangssignal y

Ein System betrachtet man dabei vereinfacht als eine Übertragungsfunktion $G(s)$, die Eingangssignale in entsprechende Ausgangssignale wandelt, wie in Abb. 5.1 veranschaulicht ist. Mathematisch lässt sich diese Beziehung wie folgt darstellen:

$$Y(s) = G(s)U(s) \qquad \text{Gl. 5.1}$$

Wie in Gl. 5.1 dargestellt, können Signale und Systeme mit Hilfe der Laplace-Transformation als Funktion einer komplexen Variablen $s = \sigma + j\omega$ beschrieben werden [98]. Zur Vereinfachung und Übersichtlichkeit wird jedoch im Folgenden die Variable s in der Darstellung von Signalen und Übertragungsfunktionen vernachlässigt. Als Eingangssignal u kann bspw. eine Lenkradbewegung gesehen werden und die Gierreaktion des Fahrzeugs als das entsprechende Ausgangssignal y. Der Zweck des Reglerentwurfs besteht darin, einen Regler K so zu entwerfen, dass bestimmte Anforderungen an den geschlossenen Regelkreis, wie er in Abb. 5.2 zu sehen ist, erfüllt sind.

Das Signal r steht dabei für die Referenz- oder Führungsgröße. Sie stellt den gewünschten Sollwert dar, den der Regelkreis erreichen bzw. einstellen soll. Für das automatisierte Fahren könnte dies z.B. die Fahrbahnspur darstellen, der das Fahrzeug folgen muss. Das Signal d stellt Störgrößen dar, welche von außen auf den Regelkreis wirken. Dies können z.B. Seitenwinde sein, die das Fahrzeug in der Verfolgung des Referenzpfads behindern. Das Signal n symbolisiert das Messrauschen, welches als Störung bei der Messung der Ausgangsgröße auftreten kann. Je nach Qualität des Sensors, kann dabei der Messfehler bzw. das Messrauschen kleiner oder größer ausfallen. Zum Beispiel kann die Position eines Fahrzeugs über einen einfachen und kostengünstigen Global Positioning System (GPS)-Sensor gemessen werden. Die Messgenauigkeit des Sensors kann hierbei allerdings mehrere Meter betragen.

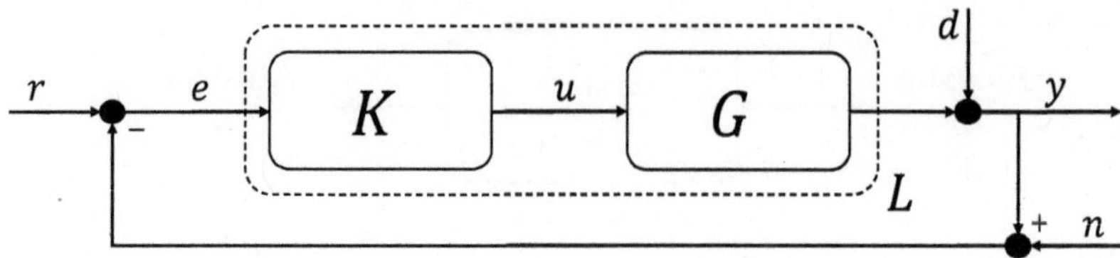

Abbildung 5.2: Darstellung des klassischen Regelkreises

Im Gegensatz dazu bietet die Verwendung eines Real-Time Kinematic (RTK)-GPS die Möglichkeit die Fahrzeugposition auf wenige Zentimeter genau zu bestimmen. Die Kosten für einen solchen Sensor sind aber um ein Vielfaches höher. Die gemessene Fahrzeugposition kann an dieser Stelle exemplarisch als Ausgangsgröße y herangezogen werden. Der Regelfehler e ergibt sich schließlich als Differenz aus der Referenzgröße r und der gemessenen Ausgangsgröße y. Um diesen Regelfehler e zu minimieren, berechnet der Regler K eine entsprechende Stellgröße u. Am Beispiel der Fahrbahnverfolgung wird die Stellgröße u des Reglers an die Lenkungsaktorik weitergeleitet, um den Positionsfehler auszugleichen und das Fahrzeug möglichst präzise entlang des Referenzpfades zu führen. Der Zweck des Reglerentwurfs bestht darin, dass bestimmte Anforderungen an den geschlossenen Regelkreis erfüllt werden. Diese Anforderungen an den Regler sind wie folgt definiert:

- **Stabilität**: Stabilisierung des geschlossenen Regelkreises.

- **Performanz**: Die Güte des Reglers wird über eine geringe Regelabweichung e und dem Führungsverhalten beurteilt. Dies bedeutet, dass die Ausgangsgröße y der Referenzgröße r gut folgen muss.

- **Führungsverhalten**: Die Stellgröße u des Reglers sollte nicht zu groß sein. Ein aggresives Lenkverhalten könnte zwar zu einer geringen Regelabweichung führen, würde aber aus Gründen des Komforts nicht übertragbar sein.

- **Störgrößenverhalten**: Unterdrückung der Störgröße d. Der Regler K muss in der Lage sein Störungen, wie z.B. Seitenwinde, zu unterdrücken.

Um den Regelkreis hinsichtlich der Erfüllung seiner Anforderungen zu analysieren, muss mathematisch eine Beziehung zwischen den jeweiligen Eingangs- und Ausgangssignalen bestehen. Für die Auswertung sind insbesondere die Übertragungsfunktionen von Bedeutung, welche das Führungsverhalten G_r, das Störgrößenverhalten G_d und das Messfehlerverhalten G_n beschreiben. Sie geben jeweils an, wie die Referenz r, die Störung d sowie das Messrauschen n den Ausgang y beeinflussen und sind folgendermaßen definiert:

$$G_r = \frac{y}{r}, \quad G_d = \frac{y}{d}, \quad G_n = \frac{y}{n} \qquad \text{Gl. 5.2}$$

Für die Herleitung der Übertragungsfunktionen in Gl. 5.2 wird angenommen, dass sowohl G als auch K Single-Input Single-Output (SISO) Übertragungsfunktionen darstellen. Aus Abb. 5.2 sind folgende Beziehungen abgeleitet:

$$u = Ke \qquad \text{Gl. 5.3}$$

$$e = r - (y + n) \qquad \text{Gl. 5.4}$$

$$y = Gu + d \qquad \text{Gl. 5.5}$$

Einsetzen von Gl. 5.3 - Gl. 5.5 in Gl. 5.2 führt mit der Definition des offenen Kreises $L := GK$ zu:

$$G_r = \frac{L}{1+L}, \quad (d = n = 0) \qquad \text{Gl. 5.6}$$

$$G_d = \frac{1}{1+L}, \quad (r = n = 0) \qquad \text{Gl. 5.7}$$

$$G_n = -G_r \qquad \text{Gl. 5.8}$$

Die Terme aus Gl. 5.6 und Gl. 5.7 werden im Folgenden definiert als:

$$S = \frac{1}{1+L}, \quad T = \frac{L}{1+L} \qquad \text{Gl. 5.9}$$

Die Sensitivität S und die komplementäre Sensitivität T aus Gl. 5.9 sind wichtige Funktionen, mit denen der geschlossene Regelkreis charakterisiert wird. Um gutes Führungsverhalten und Störgrößenunterdrückung zu erreichen, sollte $|S|$ so klein wie möglich sein. Um die Stellgröße u so klein wie möglich zu halten und Messfehler so gut wie möglich zu unterdrücken, sollte $|T|$ ebenfalls so klein wie möglich sein. In dieser Erkenntnis liegt jedoch auch das fundamentale

Dilemma der Regelungstechnik. Es ist nicht möglich, sowohl die Sensitivität S als auch die komplementäre Sensitivität T niedrig zu halten. Mathematisch lässt sich dies durch die folgende Beziehung begründen:

$$S + T = \frac{1}{1 + L} + \frac{L}{1 + L} = 1 \qquad\qquad \text{Gl. 5.10}$$

Aus Gl. 5.10 folgt, dass die Reduzierung einer Funktion zur Erhöhung der anderen führt. Da die Referenz r und die Störung d meistens Signale niedriger Frequenz sind und das Messrauschen n hochfrequent, sollte im Reglerentwurf darauf geachtet werden, dass $|S|$ bei niedrigen Frequenzen klein ist und $|T|$ für höhere. In der klassischen Regelungstechnik können Aussagen zur Robustheit eines Regelkreises über die Sensitivitätsfunktion S getroffen werden. Robuste Stabilität kann in diesem Zusammenhang definiert werden als die Stabilität, die erhalten bleibt, auch wenn Modell und reale Strecke nicht übereinstimmen. Aus Gl. 5.9 wird deutlich, dass für $L = -1$ die Gleichung nicht erfüllt ist, weshalb dies als kritischer Punkt betrachtet wird. Die robuste Stabilität des geschlossenen Regelkreises wird daher durch den minimalen Abstand der Übertragungsfunktion von L zu diesem kritischen Punkt charakterisiert.

Die robuste Regelung bietet allerdings weitaus praktischere und systematischere Ansätze, um die Stabilität und Performanz eines Regelkreises im Fall von Unsicherheiten zu analysieren und zu gewährleisten. Im Folgenden wird ein allgemeines Framework präsentiert, das sog. Generalized Plant Framework (GPF), welches speziell dafür entwickelt wurde, sowohl die Dynamik des Systems als auch die Unsicherheiten explizit im Reglerentwurf zu berücksichtigen. Es ermöglicht, auch Systeme mit mehreren Ein- und Ausgängen (MIMO) und deren Wechselwirkung auf eine einheitlich Art und Weise zu beschreiben. Dieses Framework soll damit eine einheitliche Struktur zur Lösung von regelungstechnischen Problemen bereitstellen. Die zuvor eingeführten Signale aus Abb. 5.2 werden zunächst allgemein zusammengefasst. Die Referenz r, die Störung d und das Messrauschen n, die auf das System einwirken und nicht vom Regler beeinflusst werden können, sind in der allgemeinen Störung w enthalten. Der Regelfehler e und die Stellgröße u werden mit dem allgemeinen Performanz-Ausgang z beschrieben. Diese Variable ermöglicht es, den Regler mit Hinblick auf die gestellten Anforderungen zu untersuchen. Im GPF behalten u und y ihre anfangs eingeführte Bedeutung unverändert bei.

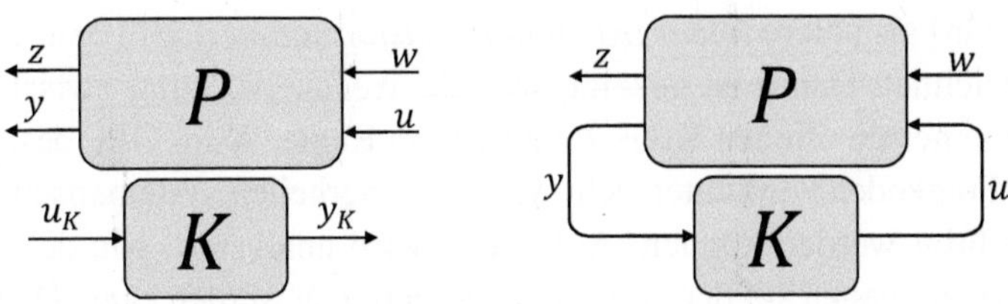

Abbildung 5.3: Links ist der allgemeine offene Kreis abgebildet, rechts der geschlossene Regelkreis

Analog zu Gl. 5.1 werden über die verallgemeinerte Strecke P die Eingänge w und u auf die Ausgänge z und y abgebildet, wie in Abb. 5.3 links dargestellt ist. In dieser Darstellung wird vom offenen Regelkreis gesprochen, dessen Beziehung zwischen den Ein- und Ausgängen folgendermaßen definiert ist:

$$\begin{pmatrix} z \\ y \end{pmatrix} = P \begin{pmatrix} w \\ u \end{pmatrix}, \quad \text{mit } P = \left(\begin{array}{c|c} P_{11} & P_{12} \\ \hline P_{21} & P_{22} \end{array} \right) \qquad \text{Gl. 5.11}$$

Um die Ausgänge des offenen Kreises manipulieren zu können, muss dieser mit dem Regler K verbunden werden. Der Ausgang y der verallgemeinerten Strecke P dient dabei als Reglereingang u_k. Der Reglerausgang y_k wird wiederum als Eingang u der verallgemeinerten Strecke verwendet. Somit wird der geschlossene Regelkreis, wie er in Abb. 5.3 rechts dargestellt ist, über die folgende Beziehung erreicht:

$$u = Ky \qquad \text{Gl. 5.12}$$

Durch die Zuschaltung des Reglers und der Rückführung des Streckenausgangs kann einer Referenzgröße gefolgt und Störgrößen unterdrückt werden. Wie bereits beschrieben, ist sowohl die Referenz- als auch die Störgröße in w zusammengefasst. Wie gut dabei der Regler K auf w reagiert, kann über den Performanz-Ausgang z beurteilt werden. Einsetzen von Gl. 5.12 in Gl. 5.11 liefert eine geschlossene Beschreibung des Performanz-Kanals $w \rightarrow z$, welcher die Auswirkung vom Eingang w auf den Ausgang z beschreibt. Dieser ist definiert als:

$$z = [P_{11} + P_{12}K(I - P_{22}K)^{-1}P_{21}]w \qquad \text{Gl. 5.13}$$
$$= [P \star K]w$$

Gl. 5.13 wird als untere *linear fractional transformation* (LFT) bzw. Sternprodukt bezeichnet. Damit ist gezeigt, wie die Wechselwirkung zwischen dem verallgemeinerten offenen Kreis P und einem Regler K im GPF beschrieben wird. Im Folgenden wird untersucht, wie Unsicherheiten systematisch im GPF berücksichtigt werden können. Außerdem wird analysiert, wie der Einfluss dieser Unsicherheiten auf den Ausgang z beschrieben werden kann. Dieser wird letzlich zur Performanz-Beurteilung des Reglers herangezogen. Die Unsicherheit Δ wird zunächst folgendermaßen definiert:

$$\Delta := H - G \qquad \text{Gl. 5.14}$$

Das reale System wird hierbei mit H bezeichnet. Gl. 5.14 kann so veranschaulicht werden, dass sich das reale System aus dem modellierten System G und einem zusätzlichen System Δ bildet, das die Unsicherheit bzw. die unmodellierte Dynamik beschreibt. Die Unsicherheit Δ wird im GPF als eigenständiges LTI-System betrachtet, das ebenso wie der Regler K im vorherigen Abschnitt in den Regelkreis hinzugeschaltet werden kann. Für die Unsicherheit Δ gilt folgende Beziehung:

$$w_\Delta = \Delta z_\Delta \qquad \text{Gl. 5.15}$$

Dies bedeutet für P, dass ein weiterer Kanal $w_\Delta \rightarrow z_\Delta$ entsteht, wobei w_Δ den zusätzlichen Eingang und z_Δ den zusätzlichen Ausgang beschreibt, wie in Abb. 5.4 zu sehen ist. In Abb. 5.4 ist auf der linken Seite der allgemeine offene Kreis und die allgemeine Darstellung der Unsicherheit als separates LTI-System dargestellt. Auf der rechten Seite ist die Unsicherheit hinzugeschaltet. Es ergibt sich der verallgemeinerte, unsichere offene Kreis. Analog zu Gl. 5.13 kann mit der sogenannten *oberen LFT* der Einfluss der Unsicherheit auf den offenen Kreis wie folgt formuliert werden:

$$z_p = [P_{22} + P_{21}\Delta(I - P_{11}\Delta)^{-1}P_{12}]w_p \qquad \text{Gl. 5.16}$$
$$= [\Delta \star P]w_p$$

Um den geschlossenen Regelkreis der unsicheren Strecke zu erhalten, wird die obere und untere LFT aus Gl. 5.16 und Gl. 5.13 geschlossen, wie in Abb. 5.5 zu sehen ist. Daraus ergibt sich der folgende Ausdruck zur Beschreibung des Performanzkanal $w_P \rightarrow z_P$ des geschlossenen, unsicheren Regelkreises:

$$z_p = [(\Delta \star P) \star K]w_p = [\Delta \star (P \star K)]w_p \qquad \text{Gl. 5.17}$$

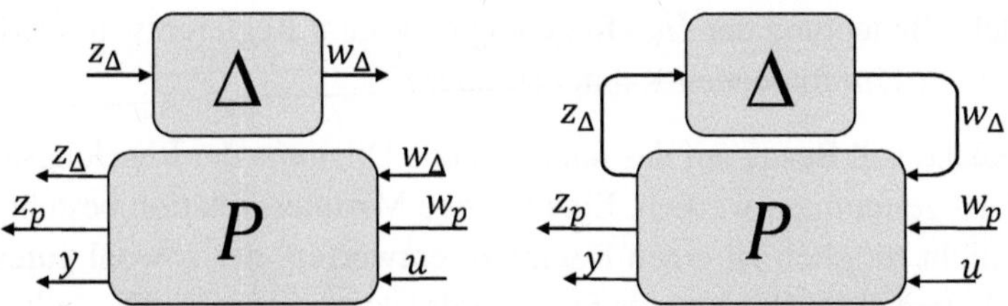

Abbildung 5.4: Darstellung der Unsicherheit Δ als gelöstes LTI-System (links) und der Strecke P hinzugeschaltet (rechts)

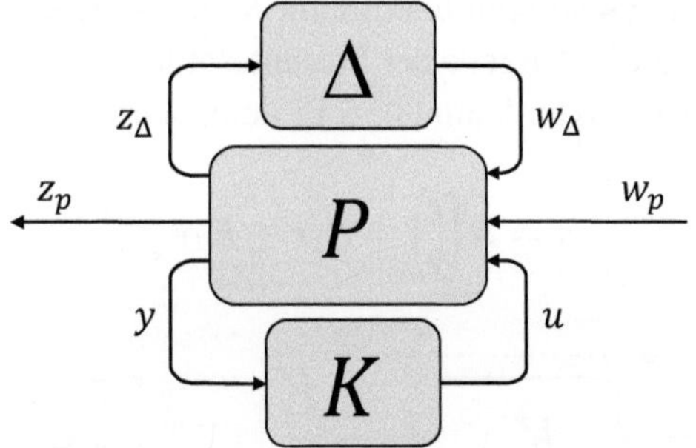

Abbildung 5.5: Der geschlossene und unsichere Regelkreis

Bei der Stabilität eines geschlossenen Regelkreises wird zwischen der nominellen Stabilität (NS) und der robusten Stabilität (RS) unterschieden. NS bezieht sich auf die Stabilität des Regelkreises ohne Berücksichtigung der Unsicherheiten. Die RS hingegen beschreibt die Stabilität des geschlossenen und unsicheren Regelkreises. Durch Gl. 5.13 und Gl. 5.17 sind daher die NS und die RS folgendermaßen definiert:

- **Nominelle Stabilität**: Der Regler K stabilisiert den nominellen Regelkreis $N = P \star K$.

- **Robuste Stabilität**: Der Regler K stabilisiert nicht nur den nominellen Regelkreis, sondern zudem auch den unsicheren $\Delta \star N$.

Gl. 5.17 wird herangezogen um die Regler-Performanz hinsichtlich der Unsicherheiten zu bewerten. Wie genau die Performanz mathematisch definiert ist und welche Bedeutung der H_∞-Regelung bzw. dem Reglerentwurfsverfahren unterliegt wird im folgenden Kapitel erläutert.

Abschließend soll Bezug auf das fundamentale Dilemma der Regelungstechnik in Gl. 5.10 genommen werden. Eine häufige Misinterpretation besteht darin, dass es nicht möglich ist einen Regler zu entwerfen, der sowohl gutes Führungsverhalten als auch eine gute Störunterdrückung aufweist. Dies gilt jedoch nur für reine Rückkopplungsregler. Mit Hilfe eines Zwei-Freiheitsgrad (2DOF) Reglers ist es möglich genau dies zu erreichen. Ein 2DOF-Regler besteht aus einer Vorsteuerung K_1 und einem Rückkopplungs-Regler K_2, wie in Abb. 5.6 zu sehen ist. In dieser Reglerstruktur übernimmt K_1 die Aufgabe der Referenzfolge und K_2 übernimmt die Aufgabe der Störunterdrückung und der Robustheit. Für die 2DOF-Reglerstruktur kann Gl. 5.12 demnach wie folgt umformuliert werden:

$$u = K \begin{pmatrix} r \\ y \end{pmatrix} = K_1 r + K_2 y \qquad\qquad \text{Gl. 5.18}$$

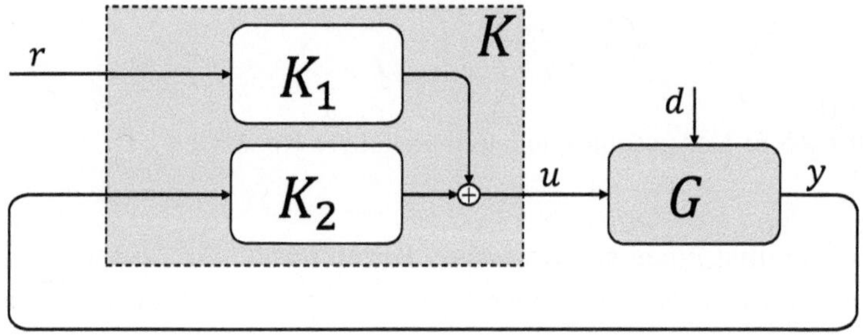

Abbildung 5.6: Die Zwei-Freiheitsgrad Reglerstruktur

5.2 Die H_∞-Norm und die Reglersynthese

Um die Stabilität und Robustheit von Regelkreisen genau beurteilen zu können, wird zunächst auf System-Normen eingegangen. Diese stellen ein Amplitudenmaß der involvierten Signale bzw. ein Verstärkungsmaß der Systeme dar. Die Stabilität kann hierbei über das Eingangs- und Ausgangsverhalten beschrieben werden. Eine Übertragungsfunktion G wird vereinfacht als stabil bezeichnet, wenn aus amplitudenbeschränkten Eingangssignalen **w** auch amplitudenbeschränkte Ausgangssignale **z** = **Gw** resultieren. Man versteht diese Beschreibung der Stabilität als Bounded-Input Bounded-Output (BIBO) Stabilität. Die H_∞-Norm von **G** stellt dabei die worst-case Verstärkung bzw. das Supremum im Frequenzgang dar.

$$||G||_\infty = \sup_{w \in R} ||G(jw)|| \qquad \text{Gl. 5.19}$$

Gl. 5.19 stellt vereinfacht ausgedrückt ein quantitatives Maß über den größten Verstärkungsfaktor des Systems **G** dar, mit welchem Eingangssignale amplifiziert werden. Das Ziel der H_∞-Reglersynthese besteht darin, die H_∞-Norm der für den Regelkreis wichtigen Übertragungsfunktionen zu minimieren. Die Wichtigkeit der Übertragungsfunktionen S und T ist im vorherigen Kapitel bereits erläutert. Zudem wird KS betrachtet, das den Stellaufwand und damit den Einfluss der Referenz **r** auf die Stellgröße **u** beschreibt. Wie bereits erwähnt, müssen S und T Anforderungen erfüllen. $|S|$ soll möglichst klein sein für kleine Frequenzen und $|T|$ für höhere. Mit Gewichtungsfunktionen W können die frequenzabhängigen Anforderungen an S, T und KS gestellt werden. Mit den Gewichtungsfunktionen soll sichergestellt werden, dass die betroffenen Übertragungsfunktionen diese nicht überschreiten.

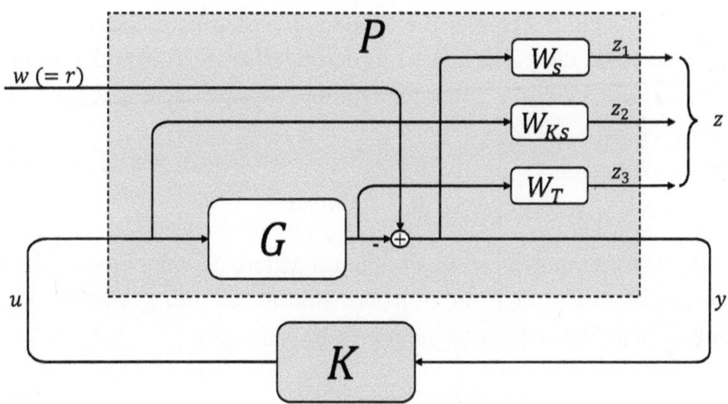

Abbildung 5.7: Darstellung des S/KS/T Mixed-Sensitivity-Designs

Gewährleistet wird dies mit der eingeführten H_∞-Norm:

$$||S||_\infty < |W_S^{-1}|, \quad ||KS||_\infty < |W_{KS}^{-1}|, \quad ||T||_\infty < |W_T^{-1}| \qquad \text{Gl. 5.20}$$

Anschaulich ausgedrückt müssen die Übertragungsfunktionen S, T und KS für alle Frequenzen unterhalb der jeweiligen Gewichtungsfunktionen liegen. Dieses Verfahren wird als *Mixed-Sensitivity-Design* bezeichnet. Für die Darstellung in Abb. 5.7 ergibt sich gemäß Gl. 5.11 für die Elemente der verallgemeinerten Strecke $\boldsymbol{P}$:

$$\boldsymbol{P}_{11} = \begin{pmatrix} W_S \\ 0 \\ 0 \end{pmatrix}, \quad \boldsymbol{P}_{12} = \begin{pmatrix} -\boldsymbol{W}_S\boldsymbol{G} \\ W_{KS} \\ \boldsymbol{W}_T\boldsymbol{G} \end{pmatrix}$$

$$\boldsymbol{P}_{21} = \boldsymbol{I}, \qquad \boldsymbol{P}_{22} = -\boldsymbol{G}$$

Unter Verwendung der unteren LFT aus Gl. 5.13 folgt somit für den geschlossenen Regelkreis:

$$\boldsymbol{P} \star \boldsymbol{K} = \begin{pmatrix} \boldsymbol{W}_S\boldsymbol{S} \\ \boldsymbol{W}_{KS}\boldsymbol{KS} \\ \boldsymbol{W}_T\boldsymbol{T} \end{pmatrix} \qquad \text{Gl. 5.21}$$

Das Ziel der H_∞-Reglersynthese besteht folglich darin, die H_∞-Norm der unteren LFT aus Gl. 5.21, über die Menge aller stabilisierender Regler $\boldsymbol{K}$ zu minimieren, sodass die gestellten Anforderungen an S, KS und T in Gl. 5.20 erfüllt sind. Dafür muss das folgende Optimierungsproblem gelöst werden:

$$\min \quad ||\boldsymbol{P} \star \boldsymbol{K}||_\infty \qquad \text{Gl. 5.22}$$
$$\text{so, dass} \quad \boldsymbol{K} \quad \text{stabilisierend ist.}$$

Damit alle Anforderungen erfüllt sind, muss gelten, dass die Frequenzgangamplituden von S, KS und T nicht größer sind als die der gewählten Gewichtungsfunktionen. Dies ist genau dann erfüllt, wenn gilt:

$$||\boldsymbol{P} \star \boldsymbol{K}||_\infty \leq \gamma < 1 \qquad \text{Gl. 5.23}$$

Dies bedeutet, dass mit einem γ-Wert von kleiner eins alle Anforderungen an den geschlossenen Regelkreis, die über die Gewichtungsfunktionen definiert werden, erfüllt sind. Mit der folgenden Definition für $P \star K$ wird abschließend die nominelle Performanz (NP) und robuste Performanz (RP) erläutert:

$$P \star K = N = \begin{pmatrix} N_{11} & N_{12} \\ N_{21} & N_{22} \end{pmatrix} = \begin{pmatrix} M & N_{12} \\ N_{21} & N_{22} \end{pmatrix} \qquad \text{Gl. 5.24}$$

Hierbei soll besonderer Fokus auf M gelegt werden. Eingesetzt in Gl. 5.17 resultiert mit Gl. 5.16:

$$z_p = [N_{22} + N_{21}\Delta(I - M\Delta)^{-1}N_{12}]w_p \qquad \text{Gl. 5.25}$$

Mit der Beschreibung der H_∞-Norm und der H_∞-Reglersynthese lässt sich die Performanz eines guten Reglers schließlich durch eine kleine (< 1) H_∞-Norm des Performanz-Kanals $w_p \to z_p$ bewerten. Für NP gilt, dass keine Unsicherheiten berücksichtigt werden und demnach $\Delta = 0$ gilt. Aus Gl. 5.25 folgt, dass $z_p = N_{22}w_p$ gilt. RP schließt die Definition der NP ein und fordert zudem, dass der Regler K den geschlossenen Regelkreis robust stabilisiert. Daraus folgt, dass N aus Gl. 5.24 stabil ist. Der einzige Term, in dem Instabilitäten auftreten können, ist $(I - M\Delta)^{-1}$. Für NP und RP lassen sich daher folgende Bedingungen formulieren:

- **Nominelle Performanz**: Der Regler K erzielt nominelle Stabilität und zusätzlich gilt $\quad ||N_{22}||_\infty < 1$.

- **Robuste Performanz**: Der Regler K stabilisiert $(I - M\Delta)^{-1}$ und zusätzlich gilt $\quad ||\Delta \star N||_\infty < 1$.

In der Analyse eines Regelkreises im Hinblick auf robuste Stabilität bzw. robuste Performanz stellt sich eine zentrale Frage: Wie viel Unsicherheit kann ein Regelkreis ertragen, bevor Instabilität auftritt? Mit Hilfe der strukturierten Singulärwerte μ_Δ, einem mathematischen Werkzeug aus der linearen Algebra, kann dieses Maß bestimmt werden [100, 154]. Die strukturierten Singulärwerte folgen dabei derselben Grundidee wie die gewöhnlichen Singulärwerte σ einer Matrix. Diese geben an, in welcher Art Eingangsvektoren gestreckt bzw. gestaucht werden. Bezogen auf die eben eingeführte Definition für die RP kann die Frage folgendermaßen konkretisiert werden: Bezüglich einer Matrix $M \in \mathbb{C}^{p \times q}$, wie groß darf die Unsicherheit Δ sein, ausgedrückt durch den maximalen Singulärwert $\bar{\sigma}(\Delta)$, damit der Regelkreis stabil und $I - M\Delta$ weiterhin invertierbar bleibt? Dies lässt sich mathematisch wie folgt formulieren:

$$\alpha_{\min} = \inf\{\bar{\sigma}(\Delta) : \Delta \in \mathbf{\Delta}, \det(I - M\Delta) = 0\} \qquad \text{Gl. 5.26}$$

In Gl. 5.26 wird α_{min} als die Nicht-Singularitätsreserve bezeichnet. Diese stellt ein Maß für die Toleranz des Regelkreises gegenüber den Unsicherheiten dar, bevor $I - M\Delta$ nicht mehr invertierbar ist. Die Interpretation des strukturierten Singulärwerts μ_Δ ist equivalent zur Nicht-Singularitätsreserve α_{min} und kann vereinfacht dargestellt werden als dessen reziproker Wert:

$$\mu_\Delta(M) = \frac{1}{\alpha_{min}} \qquad\qquad \text{Gl. 5.27}$$

Größere Werte für μ_Δ sind als negativ angesehen. In diesem Fall lässt sich schlussfolgern, dass eine Unsicherheitsvariante in μ_Δ existiert, die zur Singularität von $I - M\Delta$ führt. Kleine Werte für μ_Δ (< 1) werden hingegen als positiv angesehen, da $I - M\Delta$ für alle definierten Unsicherheiten nicht-singulär ist. Im Rahmen des Reglerentwurfs mittels der μ-Synthese wird deshalb versucht, die strukturierten Singulärwerte so zu minimieren, dass die folgende Bedingung für einen relevanten Frequenzbereich ω erfüllt ist:

$$\mu_\Delta(M(j\omega)) \leq 1 \qquad\qquad \text{Gl. 5.28}$$

Eine detaillierte Beschreibung der μ-Synthese würde den Rahmen dieser Arbeit sprengen, weshalb diesbezüglich auf [115, 154] verwiesen wird. Im Folgenden wird auf die verschiedenen Arten der Unsicherheitsbeschreibung eingegangen und deren Wirkung auf den Regelkreis veranschaulicht.

5.3 Unsicherheitsmodellierung

Die Grundidee der verwendeten robusten Regelung besteht darin, die Unsicherheit in der Modellierung systematisch im Entwurf des Reglers sowie in der Analyse des Regelkreises zu berücksichtigen. Dies bedeutet, dass anstelle des Reglerentwurfs für ein einziges, nominelles Modell G ein Reglerentwurf für eine ganze Modellfamilie $\mathcal{H}$ angestrebt wird. Hierbei wird $\mathcal{H}$ als das Unsicherheitsmodell bezeichnet. Wie im vorherigen Kapitel erläutert, setzt es sich aus dem nominellen Modell G und einem definierten Unsicherheitsbereich Δ zusammen. Prinzipiell werden dabei zwei Arten von Unsicherheiten in der Modellierung unterschieden: parametrische und dynamische Unsicherheiten.

Für die Erläuterung dieser Unsicherheiten bzw. deren Auswirkung auf das Übertragungsverhalten wird das klassische, lineare Einspurmodell nach Riekert und Schunk verwendet. In Abhängigkeit des Schwimmwinkels β kann die Gierbeschleunigung $\ddot{\psi}$ und die Schwimmwinkeländerungsrate $\dot{\beta}$ des Fahrzeuges wie folgt beschrieben werden:

$$\ddot{\psi} = \left(\frac{-c_v l_v^2 - c_h l_h^2}{I_z v}\right)\dot{\psi} + \left(\frac{-c_v l_v + c_h l_h}{I_z}\right)\beta + \left(\frac{c_v l_v}{I_z}\right)\delta \qquad \text{Gl. 5.29}$$

$$\dot{\beta} = \left(\frac{-c_v l_v + c_h l_h}{m v^2} - 1\right)\dot{\psi} + \left(\frac{-c_v - c_h}{m v}\right)\beta + \left(\frac{c_v}{m v}\right)\delta \qquad \text{Gl. 5.30}$$

Dabei beschreibt $\dot{\psi}$ die Giergeschwindigkeit des Fahrzeugs und δ den Radlenkwinkel. In der Modellierung der Fahrzeugquerdynamik werden üblicherweise festdefinierte Parameter angenommen, die in Realität jedoch stark variieren können. Die Achssteifigkeiten an der Vorder- und Hinterachse, c_v und c_h, sind stark temperaturabhängig und werden zudem von der Reifenbeschaffenheit beeinflusst. Auch die Fahrzeugmasse m sollte keineswegs als konstanter Parameter angenommen werden, da dieser mit unterschiedlicher Fahrzeugbeladung schwankt. Damit verbunden variiert auch das Trägheitsmoment I_z um die Fahrzeughochachse sowie die Schwerpunktlage des Fahrzeugs. Es stellt sich also die Frage, welche Parametervariationen für den Reglerentwurf sinnvoll erscheinen. Eine Berücksichtigung aller möglichen Parameter würde den Reglerentwurf unnötig erschweren und die Ordnung des resultierenden Reglers wäre für eine praktische Implementierung zu hoch. Homann untersucht in [49] die Sensitivität der Gierübertragungsfunktionen auf Parametervariationen eines linearen Einspurmodells. Dafür wird die Gierratenübertragungsfunktion partiell nach den Modellparametern abgeleitet und normiert:

$$\boldsymbol{b}_i(s, \boldsymbol{p}) = \frac{\partial G_{\dot{\psi}}(s, \boldsymbol{p})}{\partial p_i} \frac{p_i}{G_{\dot{\psi}}(s, \boldsymbol{p})} \qquad \text{Gl. 5.31}$$

In Gl. 5.31 bezeichnet $G_{\dot{\psi}}(s, \boldsymbol{p})$ die Gierratenübertragungsfunktion in Abhängigkeit des Parametervektors $\boldsymbol{p}$. Vereinfacht ausgedrückt stellt $\boldsymbol{b}_i$ ein Maß für die Empfindlichkeit von $G_{\dot{\psi}}(s, \boldsymbol{p})$ gegenüber einer Veränderung des Modellparameters p_i dar. Die betrachteten Parameter sind die Fahrzeugmasse m, die Lage des Schwerpunktes l_{SP}, die Fahrzeuggeschwindigkeit v, das Trägheitsmoment um die Fahrzeughochachse I_z sowie die Achssteifigkeiten an der

Vorder- und Hinterachse, c_v und c_h. In Abb. 5.8 ist zu erkennen, dass unterhalb von ~ 1 Hz des anregenden Lenkradwinkelsignals die Sensitivitäten b_i ein stationäres Verhalten annehmen, d.h. sie verändern sich in diesem Bereich nur geringfügig mit der Frequenz. In diesem Bereich besitzen die Achssteifigkeiten an der Vorder- und Hinterachse sowie die Schwerpunktlage die größten Einflüsse auf die Querdynamik. Das Gierübertragungsverhalten reagiert nur wenig sensitiv auf die Fahrzeugmasse. Allerdings führt eine Änderung der Fahrzeugmasse zu einer Verschiebung der Schwerpunktlage und besitzt damit indirekt eine große Wirkung auf die Giergeschwindigkeit [49]. Die Sensitivität bezüglich des Trägheitsmoments um die Fahrzeughochachse ist im stationären Bereich vernachlässigbar klein. Mit steigender Lenkradwinkelanregung nimmt der Einfluss des Trägheitsmoments deutlich zu. Weitere Auswertungen der Sensitivitätsanalyse sind in A.2 aufgezeigt.

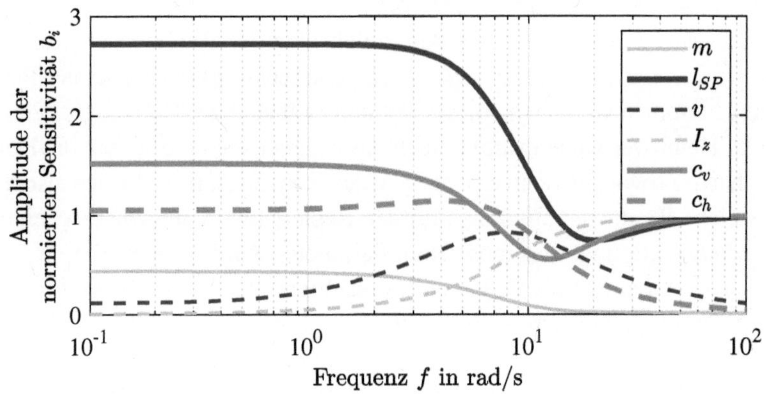

Abbildung 5.8: Einfluss der Modellparameter auf die Gierratenübertragungsfunktion

In dieser Arbeit wird jedoch von keinen höherdynamischen Lenkradwinkelanregungen ausgegangen. Daher sind für die Untersuchung der Auswirkung der parametrischen Unsicherheiten auf das Gierübertragungsverhalten folgende Parameter berücksichtigt:

- Die Achssteifigkeiten c_v und c_h dürfen um +/-10% abweichen, mit nominellen Werten $c_{v,0} = 75000$ N/rad und $c_{h,0} = 110000$ N/rad.

■ Der Abstand des Schwerpunktes zur Vorder- und Hinterachse ist jeweils definiert als $l_v = l_{\mathrm{SP}}l$ und $l_h = l - l_v$, wobei die Fahrzeuggesamtlänge l konstant ist. Die Schwerpunktlage variiert im Bereich $l_{\mathrm{SP}} \in [0,4 \quad 0,6]$, mit nominellem Wert $l_{\mathrm{SP},0} = 0,5$.

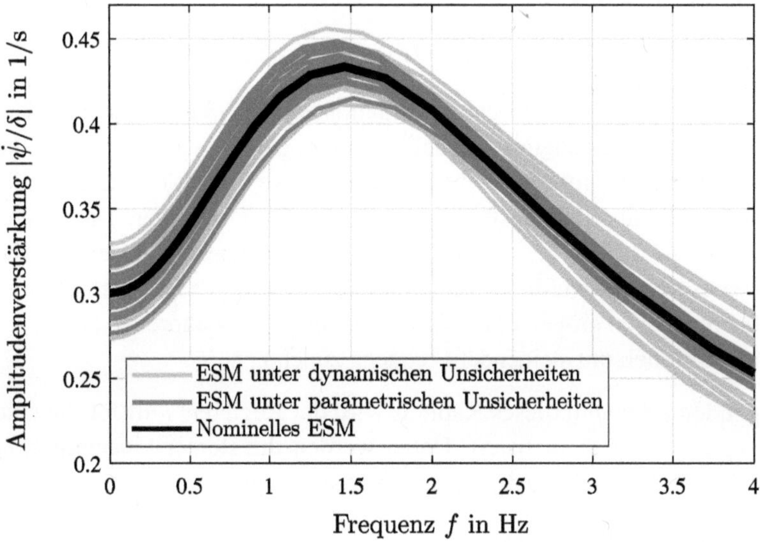

Abbildung 5.9: Übertragungsverhalten der Gierrate des linearen ESM im nominellen Fall und unter Unsicherheiten

Für die parametrischen Unsicherheiten ergibt sich die in Abb. 5.9 in dunkelgrau dargestellte Amplitudenverstärkung der Übertragungsfunktion $\dot{\psi}/\delta$ des Einspurmodells. Als Vergleich dazu ist in schwarz der Verlauf des nominellen Modells gezeigt. Es lässt sich beobachten, dass im Vergleich zum nominellen Modell mehrere Kurven für das ESM unter parametrischen Unsicherheiten aufgezeichnet sind. Dies liegt daran, dass sich für eine bestimmte Parameterkombination aus Δ jeweils eine seperate Kurve erschließt. Weiterhin lässt sich beobachten, dass parametrische Unsicherheiten primär zu einer vertikalen Verschiebung im Verlauf der Amplitudenverstärkung führen. Mathematische Modelle weisen üblicherweise bis etwa 1 Hz eine hinreichend genaue Beschreibung der physikalischen Wirklichkeit auf. Für höhere Frequenzen verlieren die Modelle allerdings an Zuverlässigkeit [96, 115]. Mit Hilfe dynamischer Unsicherheiten kann die unmodellierte Dynamik, welche für die Ungenauigkeit bei höheren Frequenzen verantwortlich ist, berücksichtigt werden. Eine Variante dieser Art von Unsicherheiten ist in Gl. 5.14 bereits vorgestellt, die als additive Unsicherheit bezeichnet wird. Das additive Unsicherheitsmodell aus Gl. 5.14 ist mit einer leichten Änderung definiert als:

$$\boldsymbol{H} = \boldsymbol{G} + \boldsymbol{W}\boldsymbol{\Delta} \qquad\qquad \text{Gl. 5.32}$$

Dabei beschreibt $\boldsymbol{W}$ eine Gewichtungsfunktion, welche es ermöglicht die Unsicherheit $\boldsymbol{\Delta}$ frequenzabhängig zu modellieren bzw. dem Modell $\boldsymbol{G}$ aufzuschalten. In Abb. 5.9 ist der Einfluss der dynamischen Unsicherheit auf den Amplitudengang der Gierübertragungsfunktion $\dot{\psi}/\delta$ in hellgrau zu sehen. Dabei ist die additive Unsicherheit so gestaltet, dass ab 1 Hz eine zunehmende Unsicherheit von 10% des nominellen Modells $\boldsymbol{G}$ berücksichtigt wird. Es lässt sich erkennen, dass für Frequenzen größer 1 Hz die Abweichung der Stichproben aus $\mathcal{H}$ zum nominellen Modell mit steigender Frequenz zunehmen.

Im folgenden Abschnitt dieses Kapitels wird der Reglerentwurf für die Quer- und Längsdynamik thematisiert. Dabei werden die Regler hinsichtlich der robusten Stabilität und robusten Performanz analysiert.

5.4 Reglerentwurf für die Fahrzeuglängsdynamik

Für den Reglerentwurf der Fahrzeuglängsdynamik wird das folgende Modell in Zustandsraumdarstellung verwendet.

$$\dot{\boldsymbol{x}} = \boldsymbol{A}\boldsymbol{x} + \boldsymbol{B}u + \boldsymbol{E}w, \qquad\qquad \text{Gl. 5.33}$$

$$\boldsymbol{A} = \begin{bmatrix} 0 & \frac{1}{m} \\ 0 & -\frac{1}{\tau_T} \end{bmatrix}, \quad \boldsymbol{B} = \begin{bmatrix} 0 \\ \frac{1}{\tau_T r_{\mathrm{dyn}}} \end{bmatrix}, \quad \boldsymbol{E} = \begin{bmatrix} -1 \\ 0 \end{bmatrix}.$$

Der Zustandsvektor $\boldsymbol{x}$ beinhaltet dabei die Geschwindigkeit in Fahrzeuglängsrichtung v_x sowie die Reifenlängskraft F_x. Die auf das Fahrzeug wirkenden Störkräfte werden in w zusammengefasst und gehen als Störbeschleunigung $a_{x,\mathrm{Stör}}$ in die Bewegungsgleichung ein. Als Stellgröße u ist das Gesamtradmoment M_{ges} gewählt. Für die Untersuchung der Auswirkung der parametrischen

Unsicherheiten auf das Geschwindigkeitsübertragungsverhalten werden folgende Parametervariationen angenommen:

- Die Fahrzeugmasse m kann Werte von -5% und +20% des nominellen Wertes $m_0 = 1600$ kg annehmen.

- Die Totzeit τ_T kann Werte von -5% und +5% des nominellen Wertes $\tau_{T0} = 0,1$ s annehmen.

Bei dem Entwurf des Längsdynamikreglers ist es nicht nur wichtig, der Geschwindigkeitsreferenz zu folgen, sondern zudem eine gute Unterdrückung von Störkräften bzw. der Störbeschleunigung $a_{x,\text{Stör}}$ zu erreichen. Die Störbeschleunigung resultiert primär aus dem Luftwiderstand und besitzt einen großen Einfluss auf das Geschwindigkeitsübertragungsverhalten. Die Luftwiderstandskraft nimmt hierbei quadratisch mit der resultierenden Fahrzeuggeschwindigkeit zu. Für nähere Informationen zur modellierten Fahrzeuglängsdynamik sei an dieser Stelle auf A.1 verwiesen. Die Anforderungen an den Längsregler sind wie folgt definiert:

- Gutes Folgeverhalten in Abhängigkeit der definierten Unsicherheiten.

- Gute Unterdrückung von aerodynamischen Störungen.

- Gutes Stellgrößenverhalten.

In Abb. 5.10 ist der Regelkreis mit dem Zwei-Freiheitsgrad Regler K dargestellt. Die messbaren Ausgänge z_1 und z_2 entsprechen den Ausgängen der Gewichtungsfunktionen W_S und W_{KS} im Performanzkanal z_P. Diese Gewichtungsfunktionen dienen zur Charakterisierung der Performanz des Regelkreises. Dabei legt W_S eine frequenzabhängigen Obergrenze für den Folgefehler fest und ist definiert als:

$$W_S = \frac{0.33(s + 2.5)}{s + 0.001} \qquad \text{Gl. 5.34}$$

Die Gewichtungsfunktion in Gl. 5.34 ist so entworfen, dass ein möglichst schnelles Abklingen des Folgefehlers erreicht wird und dass besonders für niedrige Frequenzen eine starke Unterdrückung des Folgefehlers erfolgt.

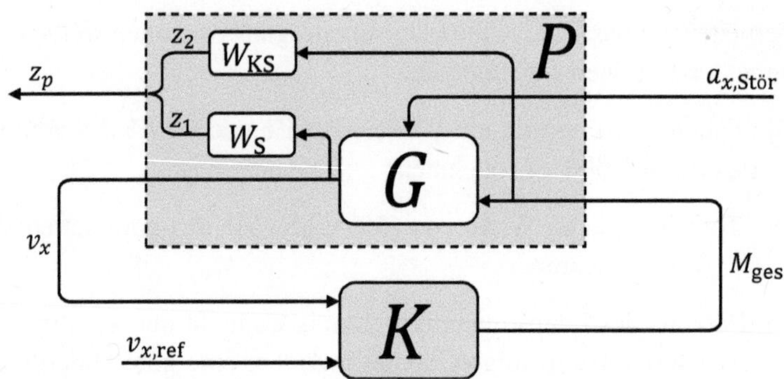

Abbildung 5.10: Darstellung des geschlossenen, gewichteten Regelkreises
für die Regelung der Fahrzeuglängsdynamik

W_{KS} hingegen bezeichnet die Gewichtungsfunktion zur Festlegung einer frequenzabhängigen Obergrenze für das Stellmoment M_{ges}:

$$W_{\mathrm{KS}} = \frac{(s + 20)}{0.001s + 10^4} \qquad \text{Gl. 5.35}$$

Die Gewichtungsfunktion in Gl. 5.35 dient dazu, dass der Regler die festgelegte
Grenze nicht überschreitet. Für M_{ges} ist eine Grenze von 600 Nm angenommen. Der Längsregler (Gl. A1.40) erzielt für die definierten Unsicherheiten
ein γ-Wert von 0,9637. Damit ist die Anforderung aus Gl. 5.23 erfüllt und
der Regler erzielt nominelle Performanz. In Abb. 5.11 ist dies dadurch erkennbar, dass die Scharen der Übertragungsfunktionen S und KS, welche für die
Bewertung der Performanz herangezogen werden, unterhalb der jeweiligen
Gewichtungsfunktionen W_{S} und W_{KS} verlaufen.

Für den Nachweis der robusten Performanz wird der Verlauf der strukturierten
Singulärwerte betrachtet. In Abb. 5.12 kann abgelesen werden, dass die strukturierten Singulärwerte kleiner als eins sind, wodurch der Nachweis der robusten
Performanz gegeben ist. Es kann dadurch zusammengefasst werden, dass der
entworfene Längsregler den geschlossenen Regelkreis robust gegenüber den
gewählten Unsicherheiten stabilisiert. Auch die Anforderungen, welche an
den Regelkreis über die frequenzabhängigen Gewichtungsfunktionen gestellt
sind, werden garantiert für die gewählten Unsicherheiten erfüllt. Die Pole des
geschlossenen Regelkreises sind im Anhang in A1.6 dargestellt.

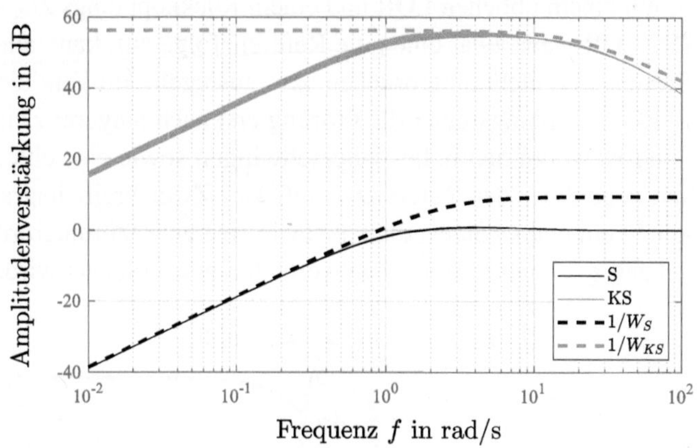

Abbildung 5.11: Ergebnis des Mixed-Sensitivity-Designs der Längsregelung

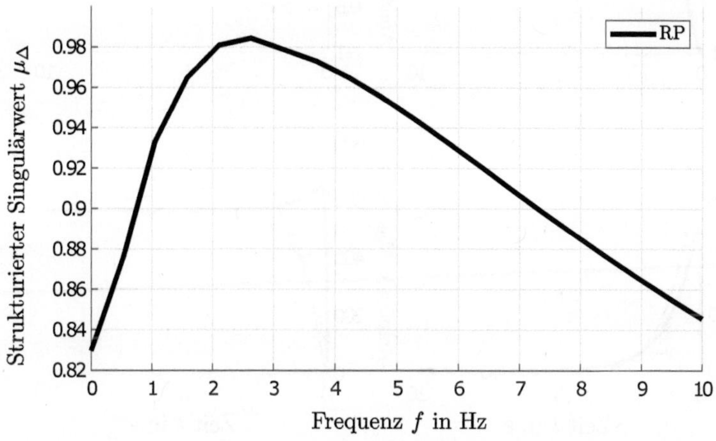

Abbildung 5.12: Strukturierte Singulärwerte für den Nachweis der robusten
Performanz des Längsreglers

Um die Performanz des Längsreglers gegenüber anderen Reglern aufzuzeigen,
wird dessen Sprungantwort analysiert. Dafür ist in Abb. 5.13 die Sprungantwort
von drei unterschiedlichen, geschlossenen Regelkreisen gezeigt. Dabei wird der
entworfene Zwei-Freiheitsgrad Längsregler (2DOF-H_∞), wie er in Abb. 5.6

abgebildet ist, mit einem üblichen LQR und einem Rückkopplungs H_∞-Regler verglichen. Der LQR weist zwar eine gute Referenzfolge auf, kann allerdings auftretende Störungen d nicht unterdrücken bzw. ausregeln. Im Vergleich dazu kann der H_∞-Rückkopplungsregler die Störung erst nach längerer Zeit (~ 10 s) ausregeln und weist ein deutliches Überschwingen sowie ein schlechteres Folgeverhalten gegenüber der Referenz r auf. Der Zwei-Freiheitsgrad H_∞-Regler ermöglicht ein gutes Folgeverhalten sowie eine gute Störunterdrückung, während gleichzeitig ein gutes Stellgrößenverhalten gewährleistet wird.

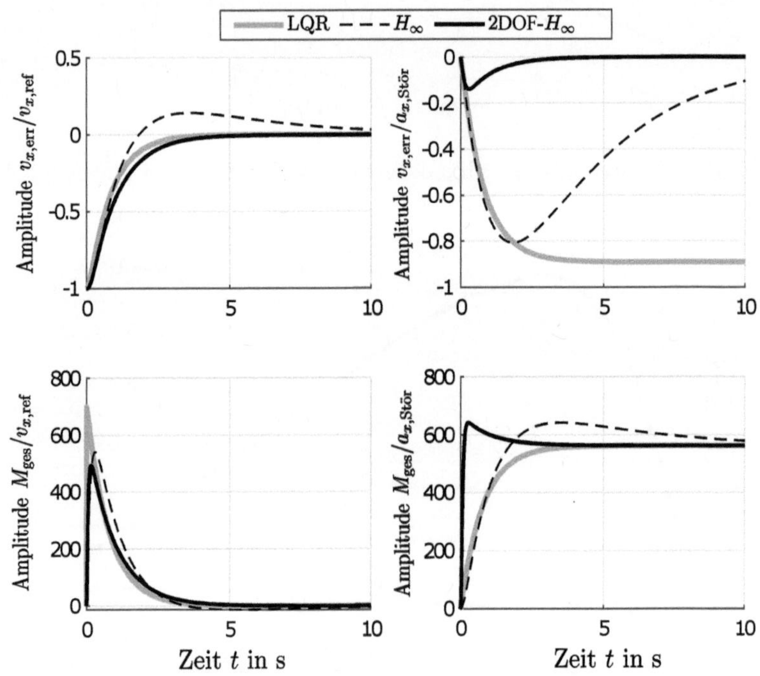

Abbildung 5.13: Vergleich der Sprungantwort des entworfenen H_∞ Längs-reglers mit Vorsteuerung (2DOF) gegenüber einem H_∞ ohne Vorsteuerung und einem LQR

5.5 Reglerentwurf für die Fahrzeugquerdynamik

Für den Reglerentwurf wird das Einspurmodell von Riekert-Schunk verwendet, wobei der Zustandsvektor $x = [\psi, \dot\psi, \beta]^T$ die relevanten Fahrzustandsgrößen beschreibt und die Stellgröße $u = \delta$ den Lenkradwinkelbefehl darstellt. In $w = [M_{z,\text{Stör}}, F_{y,\text{Stör}}]^T$ sind die Störeinflüsse festgehalten.

$$\dot{x} = A(v_x)x + B(v_x)u + E(v_x)w \qquad \text{Gl. 5.36}$$

$$= \begin{bmatrix} 0 & 1 & 0 \\ 0 & -\dfrac{c_v l_v^2 + c_h l_h^2}{I_z v_x} & \dfrac{-c_v l_v + c_h l_h}{I_z} \\ 0 & \dfrac{-c_v l_v + c_h l_h}{m v_x^2} - 1 & -\dfrac{c_v + c_h}{m v_x} \end{bmatrix} x$$

$$+ \begin{bmatrix} 0 \\ \dfrac{c_v l_v}{I_z} \\ \dfrac{c_v}{m v_x} \end{bmatrix} u + \begin{bmatrix} 0 & 0 \\ \dfrac{1}{I_z} & 0 \\ 0 & \dfrac{1}{m v_x} \end{bmatrix} w$$

Für den Reglerentwurf der Querdynamik in Gl. 5.36 werden die gleichen Unsicherheiten berücksichtigt, die bereits bei der Einführung der parametrischen Unsicherheiten erläutert wurden. In Abb. 5.9 ist die Schar der Übertragungsverhalten der Gierraten aus der Modellfamilie $\mathcal{H}$ gezeigt. Mit dem Regelungsentwurfsverfahren, welches für den Entwurf der Längsregelung verwendet wird, ist es für den Fall der Querdynamik nicht möglich einen Regler zu entwerfen, der sowohl robuste Stabilität und Performanz garantiert. Dafür ist der definierte Unsicherheitsbereich zu groß. Für den Entwurf der Querdynamikregelung wird die μ-Synthese verwendet. Der Vorteil dieses Entwurfsverfahrens liegt darin, dass der gewählte Unsicherheitsbereich in der Optimierung mitberücksichtigt wird. Der Nachteil liegt jedoch in der hohen Ordnung des resultierenden Reglers. Wie genau dieser Nachteil überwunden wird, wird in diesem Kapitel erläutert. Zunächst werden die Anforderungen an den Regelkreis definiert und die daraus resultierenden Gewichtungsfunktionen erklärt. Daraufhin wird die Robustheits- und Performanzanalyse aufgezeigt. Der geschlossene Regelkreis der Querdynamikregelung ist in Abb. 5.14 dargestellt. Der Regler K besitzt zwei Eingänge: Die Giergeschwindigkeitsreferenz $\dot\psi_{\text{ref}}$, die aus der MPC Trajektorienplanung resultiert und die tatsächliche Giergeschwindigkeit $\dot\psi$. In Abhängigkeit des

Folgefehlers stellt der Regler den Radlenkwinkel δ ein, welcher als Eingang für das verallgemeinerte Streckenmodell P dient. Die störende, laterale Seitenkraft $F_{y,\text{Stör}}$ und das Störmoment um die Fahrzeughochachse $M_{z,\text{Stör}}$ bilden aerodynamische Störungen ab und gehen ebenfalls als Eingangsvektor in P ein.

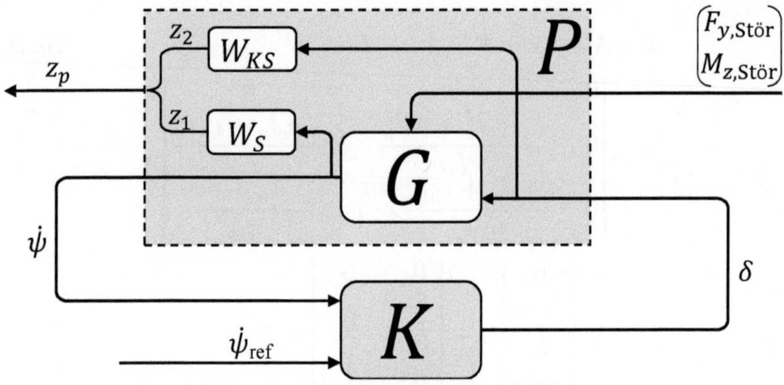

Abbildung 5.14: Darstellung des geschlossenen, gewichteten Regelkreises für die Regelung der Fahrzeugquerdynamik

Über den Performanzausgang z_p wird überprüft, ob der gestellte Radlenkwinkel und die tatsächliche Giergeschwindigkeit den Anforderungen genügen. Die Anforderungen an diese Größen werden frequenzabhängig in Form der Gewichtungsfunktionen W_{KS} bzw. W_S gestellt. Die Anforderungen an den geschlossenen Regelkreis sind dabei identisch mit dem Fall der Längsregelung. Die Gewichtungsfunktion W_S in Gl. 5.37 ist, ähnlich wie im Fall der Längsregelung, so entworfen, dass ein schnelles Abklingen des Folgefehlers erreicht wird und dass besonders für niedrige Frequenzen eine starke Unterdrückung des Folgefehlers erfolgt:

$$W_{\text{S}} = \frac{0.3(s + 7.5)}{s + 0.002} \qquad \text{Gl. 5.37}$$

Neben den Festlegung der Amplitudenobergrenze für den Radlenkwinkel δ wird beim Entwurf von W_{KS} in Gl. 5.38 Wert darauf gelegt, dass für Frequenzen größer 10 Hz keine Verstärkung stattfindet, da die Lenkungsaktorik aufgrund der Geschwindigkeitsbegrenzung limitiert ist:

$$W_{\mathrm{KS}} = \frac{(s + 3)}{1 \cdot 10^{-7}s + 10} \qquad \text{Gl. 5.38}$$

Durch Anwendung der μ-Synthese resultiert ein Regler mit μ-Level 0.94, welche allerdings eine Ordnung von 31 aufweist. Für Echtzeitanwendungen ist dies aufgrund der verbundenen Rechenintensität zu hoch. Um den Regler für eine finale Implementierung auf das Steuergerät tauglich zu machen, muss diese Ordnung gesenkt werden. Dies wird mit Hilfe der Modellreduktion erreicht. Die Modellreduktion ist ein eigenes Forschungsfeld und wird im Rahmen dieser Arbeit nicht weiter thematisiert. Für den Erhalt eines reduzierten Reglers ist es allerdings wichtig, dass die entscheidenden Charakteristika des ursprünglichen Reglers erhalten bleiben. Als Referenz wird der Verlauf der strukturierten Singulärwerte des ursprünglichen Reglers genommen. In Abb. 5.15 ist zu erkennen, wie bereits ein Regler 6. Ordnung die μ-Kurve des ursprünglichen Reglers 31. Ordnung zufriedenstellend nachbildet.

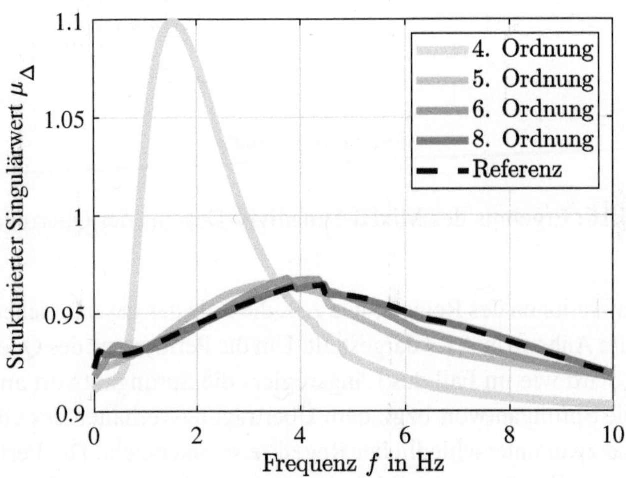

Abbildung 5.15: Reduzierung der hohen Ordnung des ursprünglichen Reglers durch Modellreduktion

Da allerdings der reduzierte Regler 8. Ordnung einen nahezu identischen Verlauf hat, wird dieser für alle weiteren Analysen und Auswertungen verwendet. Bei der μ-Synthese wird im Optimierungsverfahren das Unsicherheitsset Δ explizit mitberücksichtigt, wodurch mit einem μ-Level von 0.94 die robuste Performanz des Reglers garantiert ist. In Abb. 5.16 ist dies dadurch erkennbar, dass die Scharen der Übertragungsfunktionen S und KS, welche für die Bewertung der Performanz herangezogen werden, unterhalb der jeweiligen Gewichtungsfunktionen W_S und W_{KS} verlaufen.

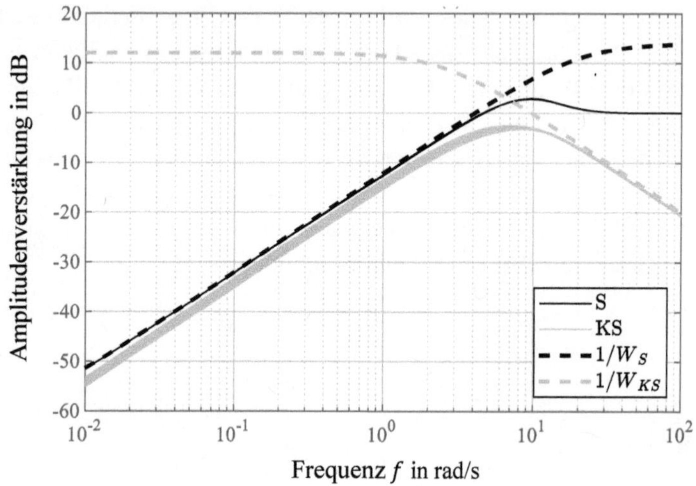

Abbildung 5.16: Ergebnis des Mixed-Sensitiviy-Designs der Querregelung

Weitere Spezifikationen des Reglers, wie z.B. die Pole des geschlossenen Regelkreises, sind im Anhang in A1.7 dargestellt. Um die Performanz des Querreglers zu bewerten, wird wie im Fall des Längsreglers die Sprungantwort analysiert. Dafür wird die Sprungantwort bzgl. dem Übertragungsverhalten des Gierratenfehlers anhand zwei unterschiedlicher Regelkreise untersucht. Die Performanz des entworfenen H_∞-Reglers wird mit einem LQR verglichen. In Abb. 5.17 ist zunächst die Sprungantwort der nominellen Regelkreise zu sehen. Auf den ersten Blick erscheint eine nahezu identische Antwort auf den Sprung im Gierratenfehler.

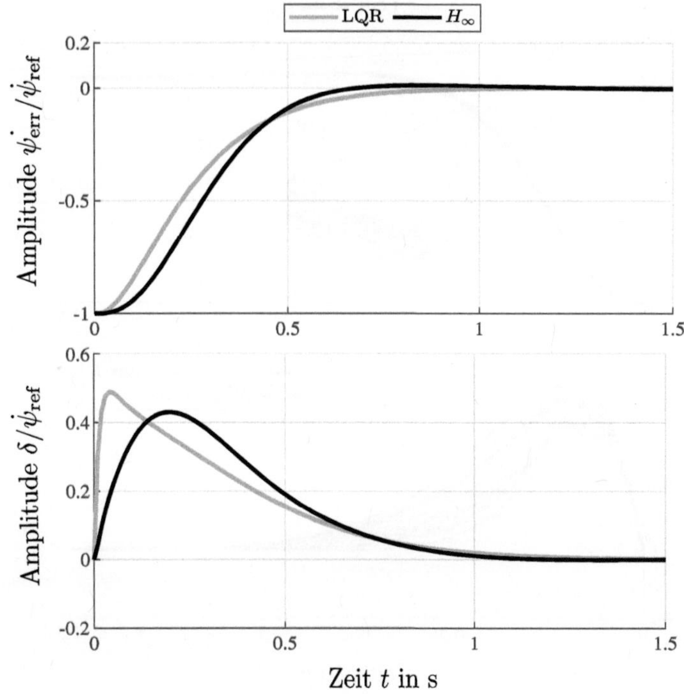

Abbildung 5.17: Ergebnis der Sprungantwort des robusten H_∞-Querreglers im Vergleich zum LQR für den nominellen Fall

Sowohl der LQR als auch der H_∞ brauchen etwa gleich lange um den Gierratenfehler auszuregeln. Die Zeit dafür (Anstiegszeit) beträgt etwa 0,5 Sekunden. Ebenfalls zeigen beide Regler kein erkennbares Überschwingen auf. Im Stellgrößenverhalten zeigt sich allerdings ein Unterschied. Im Vergleich zum LQR weist der H_∞ ein deutlich geschmeidigeres Stellgrößenverhalten auf. Dies resultiert aus dem besonderen Vorteil eines H_∞-Reglers, nämlich der Berücksichtigung von frequenzabhängigen Gewichtungsfunktionen, um die gestellten Anforderungen an den geschlossenen Regelkreis zu erreichen. In Abb. 5.18 ist die Performanz der Regelkreise hinsichtlich der definierten Unsicherheiten gezeigt.

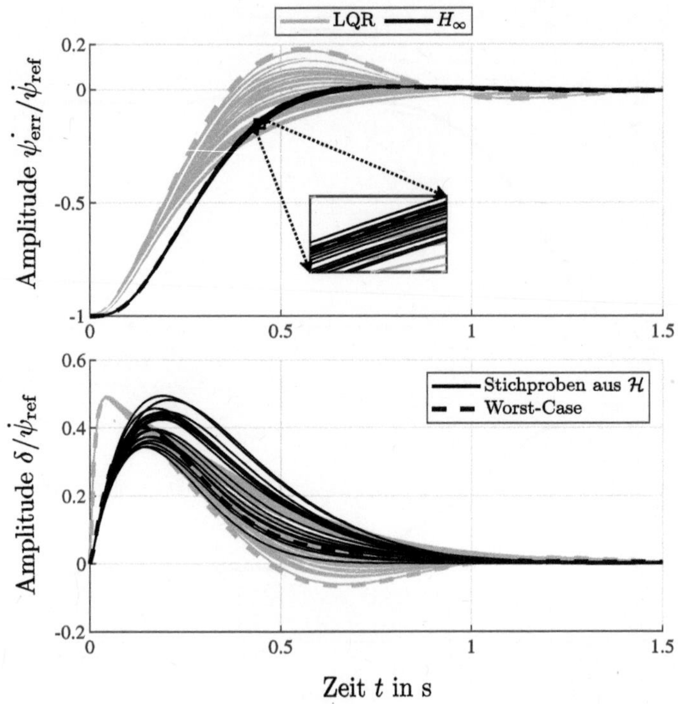

Abbildung 5.18: Ergebnis der Sprungantwort des robusten H_∞-Querreglers im Vergleich zum LQR für den unsicheren Fall

Die Schar an Sprungantworten resultiert dabei aus den unterschiedlichen Parametrierungsmöglichkeiten aus Δ. Die ungünstigste Parameterkombination aus Δ wird dabei als *worst-case* bezeichnet und tritt auf, wenn die Vorderachse die kleinstmögliche Steifigkeit aufweist, die Hinterachse die größtmögliche Steifigkeit besitzt und der Fahrzeugschwerpunkt so weit wie möglich zur Vorderachse hin verschoben ist. Für den Gierratenfehler ist zunächst die besonders große Varianz des Übertragungsverhaltens des LQR zu erkennen. Im definierten Unsicherheitsset Δ gibt es mögliche Parameterkombinationen, die dafür sorgen, dass sich das Folgeverhalten im Vergleich zum nominellen Fall aus Abb. 5.17 signifikant ändert. Zum einen können bestimmte Parametrierungen dazu führen, dass die Anstiegszeit verlängert wird. Zum anderen zeigt sich im worst-case Szenario ein deutlich erkennbares Überschwingen. Der H_∞-Regler zeigt im

Vergleich dazu einen kaum erkennbaren Unterschied im Übertragungsverhalten des Gierratenfehlers. Dies ist aus folgendem Grund nicht überraschend. Die Unsicherheiten werden in der μ-Synthese explizit mitberücksichtigt, sodass mit einem μ-Level von kleiner Eins ein Regler resultiert, der robuste Performanz garantiert. Dies bedeutet, dass sowohl der Regelkreis robust stabilisiert wird als auch die gestellten Anforderungen, wie gutes Folge- und Stellgrößenverhalten für jegliche Parametrierungskombinationen aus Δ, erfüllt sind.

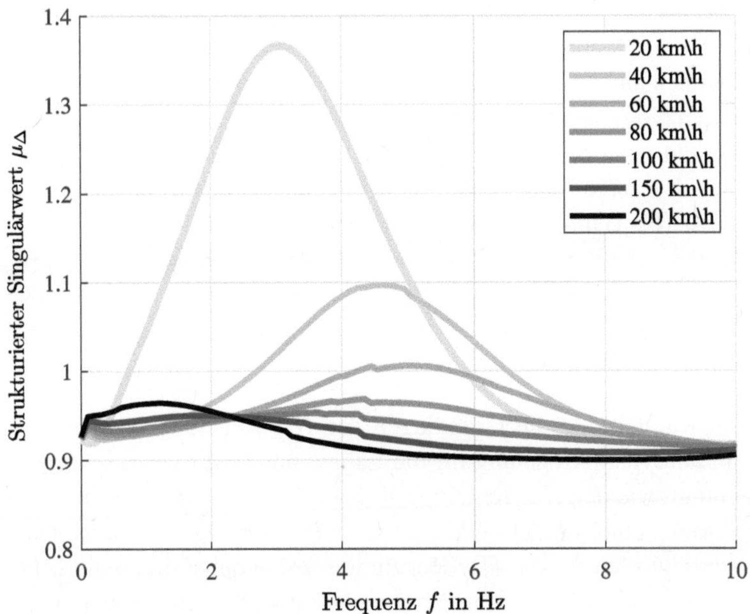

Abbildung 5.19: Auswertung der strukturierten Singulärwerte des Querreglers für unterschiedliche Geschwindigkeiten

Der Querregler ist basierend auf dem Querdynamikmodell aus Gl. 5.36 für eine konstante Geschwindigkeit von $v = 100$ km/h entworfen. Da das Modell allerdings geschwindigkeitsabhängig ist, erfolgt eine Untersuchung des entworfenen Reglers in Abhängigkeit der Geschwindigkeit. Dabei wird das Fahrzeugmodell aus Gl. 5.36 für verschiedene Geschwindigkeiten berechnet. Die unterschiedlichen Regelkreise können dann aus den resultierenden unterschiedlichen Modellen und dem entworfenen Regler geschlossen werden. Wie in den vorherigen Abschnitten kann schließlich die Robustheit und Performanz der Regelkreise anhand der strukturierten Singulärwerte bewertet werden.

In Abb. 5.19 sind die μ-Verläufe für unterschiedliche Geschwindigkeiten aufgezeichnet. Dabei ist zu erkennen, dass die höheren Geschwindigkeiten (>80 km/h) unkritisch sind, da alle Verläufe unterhalb von Eins liegen. Bei 40 km/h liegt der maximale μ-Wert bei etwa 1,1. Damit ist er etwas über der Grenze, um robuste Performanz garantieren zu können. Allerdings ist dies im Allgemeinen ein zufriedenstellendes μ-Level, welches für eine praktische Implementierung durchaus in Frage kommt. Das Problem liegt allerdings im niedrigen Geschwindigkeitsbereich unter 40 km/h. Für fallende Geschwindigkeiten in diesem Bereich steigen die μ-Spitzen deutlich an. Für diesen Geschwindigkeitsbereich wird daher ein separater Regler entworfen. Anhand der aktuellen Fahrzeuggeschwindigkeit werden schließlich die entsprechenden Regler geschaltet. Diese Methode wird als Gain-Scheduling bezeichnet.

5.6 Zusammenfassung

In diesem Kapitel sind die Grundlagen der H_∞-Regelung im Kontext der robusten Fahrdynamikregelung für die Längs- und Querdynamik vorgestellt. Die Hauptaufgabe der H_∞-Regelung liegt in der Stabilisierung dieser Referenztrajektorien unter Berücksichtigung von Modellierungsunsicherheiten. Die Referenztrajektorien für die H_∞-Regelung werden dabei durch die MPC erzeugt, die auf einem erweiterten Fahrdynamikmodell mit gekoppelter Längs- und Querdynamik basiert.

Darüber hinaus werden die unterschiedlichen Unsicherheitsvarianten erklärt und deren Auswirkungen exemplarisch anhand der Übertragungsfunktion der Gierrate aufgezeigt. Für die Auswahl der kritischen Modellparameter wurde im Vorfeld eine Sensitivitätsanalyse durchgeführt. Als Ergebnis sind insbesondere Veränderungen der Achssteifigkeiten und der Lage des Fahrzeugschwerpunkts als besonders sensitiv identifiziert. Diese Modellparameter haben deutliche Auswirkungen auf das Fahrzeugverhalten und sind daher bedeutend für den robusten Reglerentwurf. Mit Hilfe der robusten Regelung ist es möglich, die Unsicherheiten explizit in dem Reglerentwurf zu berücksichtigen, um gewünschte Anforderungen an den Regelkreis zu erreichen. Ein Vorteil der H_∞-Regelung ist die Möglichkeit, frequenzabhängige Anforderungen durch geeignete Gewichtungsfunktionen vorzugeben und so beispielsweise Aktuatorbegrenzungen zu berücksichtigen.

Desweiteren werden Reglerentwurfsverfahren vorgestellt, die eine robuste Performanz gegenüber den gewählten Modellunsicherheiten garantieren. In diesem Zusammenhang sind die strukturierten Singulärwerte als wichtiges Werkzeug eingeführt, die zur Bewertung der robusten Performanz des Regelkreises benutzt werden. Ebenso wird der Verlauf der strukturierten Singulärwerte als Referenz für die Modellreduktion verwendet, um den ursprünglichen Regler hoher Ordnung mit einem reduzierten Regler niederer Ordnung zu ersetzen. Dieser ist für eine praktische Implementierung auf das Steuergerät geeignet. Schließlich werden robuste Regler für die Längs- und Querregelung entworfen, dessen Performanz gegenüber den beschriebenen Modellierungsunsicherheiten garantiert ist. Die robuste Performanz dieser Regler ist im Vergleich zu LQR Regler demonstriert.

Im folgenden Kapitel wird abschließend das gesamte hierarchische Regelungskonzept, bestehend aus der MPC Trajektorienplanung und den stabilisierenden H_∞ Folgereglern, anhand ausgewählter Anwendungsbeispiele untersucht und bewertet.

6 Validierung des Regelungskonzepts

In den vorherigen Kapiteln wurde das Regelungskonzept zur automatisierten Fahrzeugführung vorgestellt. Die modellprädiktive Trajektorienplanung nutzt die Bewegungsgleichungen des Einspurmodells mit gekoppelter Längs- und Querdynamik, um das zukünftige Fahrzeugverhalten vorherzusagen. Mit Hilfe iterativer Optimierungsverfahren werden optimale Steuersignale und Trajektorien, z.B. für die Giergeschwindigkeit, unter Berücksichtigung fahrdynamischer und fahrzeugspezifischer Beschränkungen berechnet. Diese Steuersignale könnten direkt an die Lenkung und den Antrieb übermittelt werden. Es besteht hierbei allerdings die Gefahr, in eine instabile Regelung zu geraten. Die MPC basiert auf ein Fahrzeugmodell mit fester Fahrzeugparametrierung und ist damit prinzipiell nicht robust gegenüber Parameteränderungen. Um diesem Problem zu begegnen, besteht das Konzept zum anderen aus einer Stabilisierungsebene. Die geplanten Trajektorien der MPC werden in dieser Ebene robust gegenüber Veränderungen in der Fahrzeugparametrierung stabilisiert. Dies gelingt durch den Einsatz der H_∞-Regelung, die eine robuste Performanz garantiert. Mit diesem hierarchischen Konzept wurde eine neuartige Regelungsstrategie entworfen, die den gestellten Anforderungen in Kapitel 3 gerecht wird. Abschließend wird das Regelungskonzept anhand folgender Anwendungsbeispiele validiert:

- **Anwendungsbeispiel 1:** Stadtverkehr Szenario

- **Anwendungsbeispiel 2:** Autobahn Überholmanöver

- **Anwendungsbeispiel 3:** Autobahn Überholmanöver unter Seitenwind

- **Anwendungsbeispiel 4:** Experimenteller Fahrversuch in der Arena2036

Zum Zeitpunkt dieser Arbeit steht kein Testfeld für höhere Geschwindigkeiten und kein Versuchsträger zu Verfügung, der in der Lage ist, höhere Geschwindigkeiten zu erreichen. Daher wird das Regelungskonzept für die dynamischen Anwendungsbeispiele 1-3 in der Simulation evaluiert. Als Fahrzeug-Simulationsmodell wird hierfür das validierte Neun-Massenmodell nach Ahlert verwendet [140].

Abbildung 6.1: Das flexCAR rolling-chassis

Die experimentellen Fahrversuche sind mit dem in Abb. 6.1 gezeigten flexCAR Versuchsträger durchgeführt, einem öffentlich geförderten Projekt, das in Kooperation mit Partnern aus Industrie und Wissenschaft realisiert wurde [79, 80]. Der Schwerpunkt dieses Projekts liegt auf dem Aufbau einer hochautomatisierten Forschungsplattform, die als Demonstrator für zukünftige ADAS-Funktionen dienen soll. Die Plattform ist daher speziell für eine hohe Modularität, Flexibilität und Upgrade-Fähigkeit ausgelegt. Damit soll bspw. erforscht werden, wie die Kommunikation zwischen einzelnen Fahrzeugmodulen und der Umgebung optimiert werden kann oder wie Software- und Hardwarestrukturen bestmöglich auf den neusten Stand gebracht werden können. Neben dem Aufbau einer hochautomatisierten Forschungsplattform stehen ebenfalls zukünftige Mobilitäts- und Innenraumkonzepte im Fokus des Projekts [130].

Das flexCAR ist eine rein elektrische, vollständig symmetrische X-by-wire Plattform. Es ist ausgestattet mit vier permanent-magnetischen Elektromotoren, welche sich in der Nähe der Räder befinden. Die Lenkung an Vorder- und Hinterachse sorgt für eine hohe Manövrierfähigkeit, während der Einsatz von Doppelquerlenkern an beiden Achsen die Bauhöhe des flexCARs gering hält. Im flexCAR sind eine Vielzahl unterschiedlicher Sensoren verbaut, welche mit den elektronischen Steuergeräten größtenteils über CAN oder Ethernet verbunden sind (siehe Abb. 6.2). Dank der Plattform-Flexibilität, die durch viele Plug-and-Play-Module ermöglicht wird, können die Sensoren leicht gegen neuere Technologien oder deren neueste Versionen ausgetauscht werden.

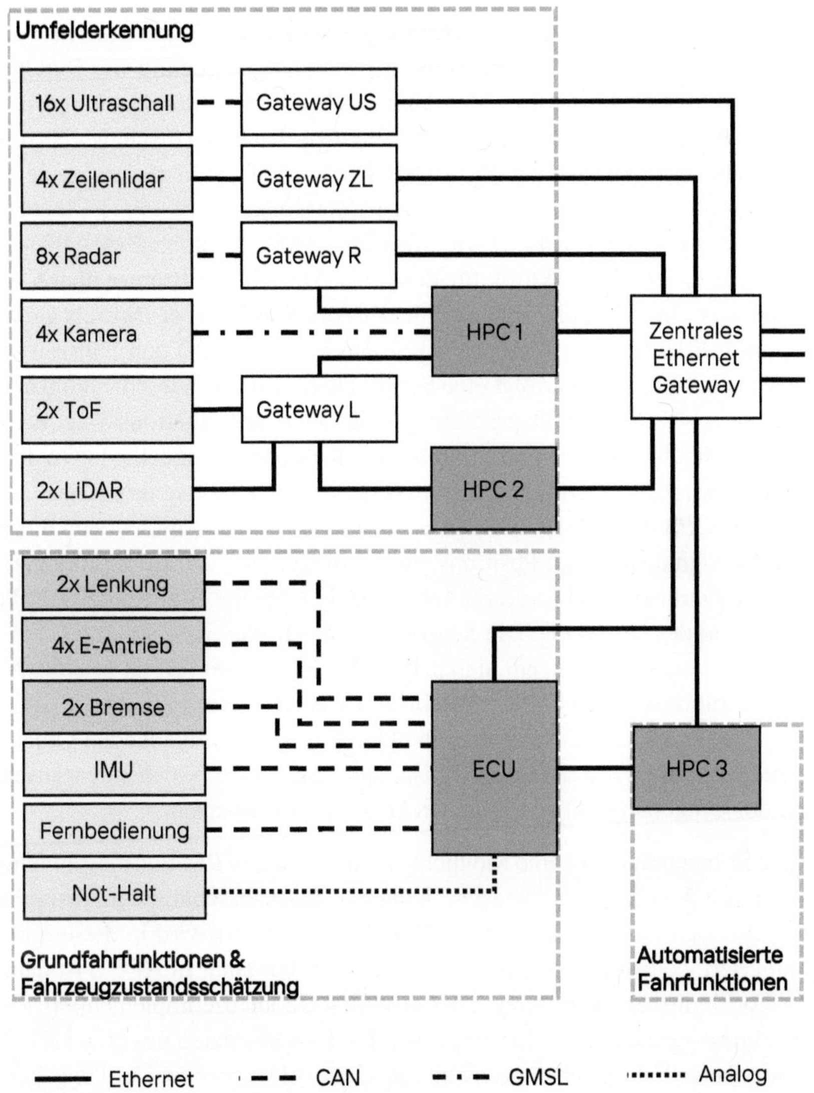

Abbildung 6.2: Darstellung der verwendeten Hardware-Architektur für das flexCAR [14]

Hierzu zählen neben der Umfeldsensorik wie Radar, LiDAR, Ultraschall und Kameras auch Sensoren zur Erfassung der Fahrzeugbewegung wie Raddrehzahlsensoren und eine inertiale Messeinheit (IMU). Mit Hilfe dieser Sensoren können unter anderem verschiedene Verfahren zur Fahrzeugzustandsschätzung und Lokalisierung implementiert werden. Die Grundfahrfunktionen sowie die Fahrzeugzustandsschätzung laufen auf der electronic control unit (ECU), dem zentralen Steuergerät. Als ECU wird die dSpace MicroAutobx 2 (MAB2) verwendet mit welcher die Aktorik für Lenkung, Antrieb und Bremse über CAN verbunden ist. In [69] dienen die Signale der Aktorik sowie der IMU als Grundlage, um mit Hilfe eines Unscented Kalman Filters (UKF) den Fahrzeugzustand zu schätzen. Dabei erfolgt eine Sensordatenfusion der Geschwindigkeits-, Ausrichtungs- und Positionsprädikition eines Inertialnavigationssystems mit den Beobachtungen eines raddrehzahlbasierten Odometriemodells. In Outdoor-Szenarien wird das Inertialnavigationssystem üblicherweise durch das GPS bzw. RTK-GPS dargestellt. Für den Einsatz in Innenräumen lässt sich dieses durch 5G-Signale oder die Positionsbeobachtungen von Infrastrukturkameras ergänzen. Darüber hinaus verarbeitet die ECU auch die Signale der Fernbedienung und des Not-Halts. Die Sensordaten aus Radar, Kamera und LiDAR werden zur Verarbeitung in ein high performance computer (HPC) geleitet. Als HPC kommt dabei der NVIDIA Jetson AGX Xavier zum Einsatz. In HPC 1 erfolgt die Sensordatenfusion, um eine Objektliste der umgebenden Objekte und Hindernisse zu erstellen. Diese Liste dient dazu, eine bestehende statische Karte der Umgebung mit neu erfassten Objekten zu ergänzen.

Besteht in Innenräumen keine Möglichkeit zur absoluten Positionsbestimmung, bspw. durch 5G oder kamerabasiert, kann der Zustandsschätzer die fusionierte Positionsschätzung nicht stützen. Der Positionsfehler wird in diesem Fall aufintegriert, sodass die Positionsdaten unbrauchbar sind. In HPC 2 ist daher ein Algorithmus aus dem Bereich der visuellen Odometrie implementiert. Der Algorithmus verarbeitet die empfangenen Punktewolkedaten aus dem LiDAR, um die relative Fahrzeugbewegung zu schätzen. Bildsequenzen der Umgebung entstehen dabei iterativ. Die darin enthaltenen visuellen Merkmale wie Ecken, Kanten oder Objekte lassen sich extrahieren und verfolgen, um selbst kleinste Positionsänderungen im Raum zu erkennen und dadurch präzise Rückschlüsse auf die eigene Fahrzeugbewegung zu ziehen. Bei relativen Lokalisierungsmethoden besteht ein Problem darin, dass die anfängliche Position schwer zu bestimmen ist, wenn zu Beginn noch keine Information über die Umgebung vorliegt. Vereinfacht ausgedrückt besteht folgendes Dilemma: Um die Position bestimmen zu können, ist eine Karte der Umgebung erforderlich. Um jedoch eine solche Karte zu erstellen, benötigt das Fahrzeug bereits eine Position. Dieses klassische "Henne-Ei-Problem" löst der im flexCAR implementierte Simultaneous Localization and Mapping (SLAM)-Algorithmus.

Aufgrund der Tatsache, dass die MAB2 einen verhältnismäßig schwachen Prozessor verbaut hat und die optimierungsbasierte Trajektorienplanung sehr rechenintensiv ist, wird die Trajektorienplanung und Folgeregelung auf einen separaten Rechner verlagert. Die Steuersignale gelangen dabei über eine Ethernetverbindung an die MAB2. Die gemessenen bzw. geschätzten Positions- und Fahrzeugzustandsdaten werden ebenfalls über Ethernet empfangen.

In Abb. 6.3 ist die verwendete Software Architektur für das flexCAR dargestellt. Für die Umsetzung der automatisierten Fahrzeugführung wird das Robot Operating System 2 (ROS2) als Entwicklungsumgebung verwendet. ROS2 ist darauf ausgerichtet, eine modulare Plattform bereitzustellen, die einen Informationsaustausch zwischen den einzelnen Softwarekomponenten ermöglicht [85, 86]. Um eine effiziente Kommunikation zwischen den Softwarekomponenten bereitzustellen, wird das Data Distribution Service (DDS) Standard als Kommunikations-Middleware verwendet. Das DDS basiert auf dem publisher-subscriber-basierten, service-orientierten Kommunikations-Konzept auf Ethernet Basis [14, 42]. Es fungiert als eine Mittelschicht, um einen wirkungsvollen und skalierbaren Informationsaustausch zwischen den verschiedenen Funktionen sicherzustellen. Wie in Abb. 6.3 zu sehen ist, wird der Referenzpfad offline berechnet. Dem Pfadplaner ist dabei eine 2D-Karte der Umgebung zugrunde gelegt, welche im Vorfeld mit dem SLAM-Algorithmus erstellt ist.

Die Fahrzeugzustandsschätzung erfolgt mit einer Rate von 200 Hz und liefert Schätzungen zum aktuellen Zustand des Fahrzeugs, wie beispielsweise der aktuellen Geschwindigkeit v oder der Giergeschwindigkeit $\dot{\psi}$. Diese Schätzung basiert auf Messungen aus der Sensorik und Aktorik des Fahrzeugs. Zu den notwendigen Messungen gehören beispielsweise die momentanen Winkelgeschwindigkeiten aus den einzelnen Elektromotoren oder die Zahnradposition des (Lenk-)Ritzels, anhand derer der Radlenkwinkel abgeleitet wird. Die Messdaten werden mit einer maximalen Abtastrate von 50 Hz aktualisiert.

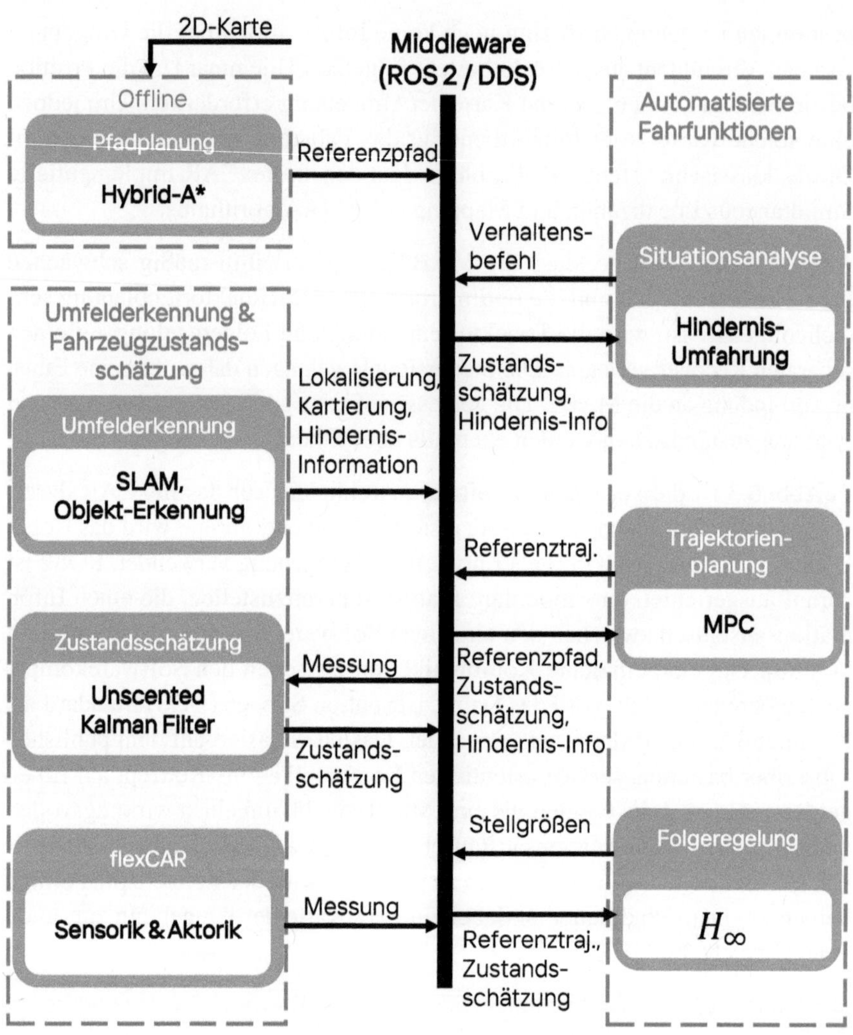

Abbildung 6.3: Darstellung der verwendeten Software-Architektur für die automatisierte Fahrzeugführung

Im flexCAR ist weiterhin eine Funktion zur Situationsanalyse implementiert. Mittels einer Objekterkennungsfunktion werden die erforderlichen Informationen, wie z.B. die Entfernung zum Hindernis, die relative Orientierung des Hindernisses zum Fahrzeug oder die Abmessungen des Hindernisses, über DDS veröffentlicht. Die Situationsanalyse, welche die Nachrichten der Objekterkennung abonniert, kann dann entscheiden, wie sich das Fahrzeug verhalten soll. Sie bestimmt beispielsweise, ob das Fahrzeug anhalten muss, wenn kein Ausweichkorridor verfügbar ist, oder ob es links oder rechts ausweichen soll, je nach relativer Lage und Größe des Hindernisses. Aufgrund der sehr niedrigen Geschwindigkeiten, die das flexCAR erreichen darf, wird der Verhaltensbefehl der Situationsanalyse einmal pro Sekunde aktualisiert.

6.1 Anwendungsbeispiel 1: Stadtverkehr Szenario

Das erste Anwendungsbeispiel zeigt die Simulation einer Fahrt im Stadtverkehr. Die Herausforderung in diesem Szenario liegt in den krümmungsstarken Kurven, die der Referenzpfad aufweist, was eine schnelle Anpassung der Geschwindigkeits- und Gierratenreferenz der MPC für die untergeordnete, stabilisierende Regelung erforderlich macht. An dieser Stelle sei nochmals betont, dass das Regelungskonzept keine explizite Generierung eines Referenzpfads mit kontinuierlichem Krümmungsverlauf (Klothoide) erfordert. Durch die Bestrafung von Abweichungen zur Referenzpfadkrümmung und die Begrenzung der Krümmungsänderungsrate innerhalb des MPC wird automatisch eine klothoide Trajektorienplanung gewährleistet.

Die Abb. 6.4 zeigt den Referenzpfad sowie den tatsächlich gefahrenen Pfad. Es ist zu erkennen, dass der Lagefehler e_d über die gesamte Strecke größtenteils deutlich unter 10 cm liegt. Im Streckenabschnitt zwischen $s = 450$ und $s = 480$ ist ein deutlicher Ausschlag im Lagefehler zu verzeichnen, der jedoch innerhalb des gewählten Toleranzbereichs liegt. Dieser Ausschlag resultiert aus einer starken Änderung der Pfadkrümmung, wie in der folgenden Abbildung gezeigt ist.

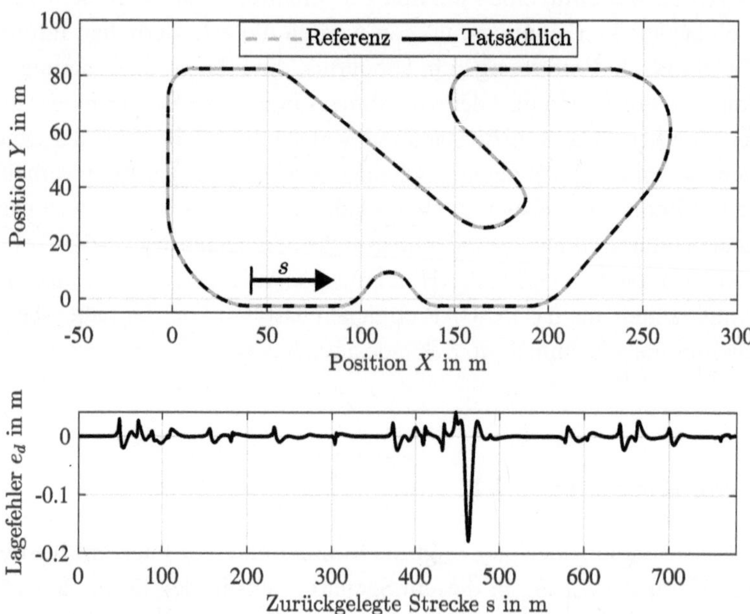

Abbildung 6.4: Auswertung der Trajektorienfolge für das Stadtverkehr Szenario. Dargestellt ist der Referenzpfad, der tatsächlich verfolgte Pfad sowie der resultierende Lagefehler

In Abb. 6.5 ist zunächst der tatsächliche Krümmungsverlauf des Pfads und die optimierte Krümmung der MPC zu sehen. Weiterhin ist in dieser Abbildung das Folgeverhalten für die Geschwindigkeitsreferenz dargestellt. Wie in Gl. 4.5 gezeigt, wird die Geschwindigkeitsreferenz in Abhängigkeit der Pfadkrümmung κ und der maximal zulässigen Querbeschleunigung $a_{y,\mathrm{max}}$ berechnet. Als Obergrenze für die Geschwindigkeitsreferenz ist 50 km/h festgelegt. Daraus ergibt sich der abgebildete Verlauf der Referenzgeschwindigkeit. Der Längsregler ist in der Lage der Referenz zu folgen. Dabei lässt sich vor allem erkennen, dass die Geschwindigkeitsobergrenze sanft erreicht wird und kein Überschwingen resultiert. Die in der MPC eingestellte Beschränkung der Beschleunigungsspitzen wird hierbei eingehalten, wie in der unteren Darstellung der Abb. 6.5 zu sehen ist.

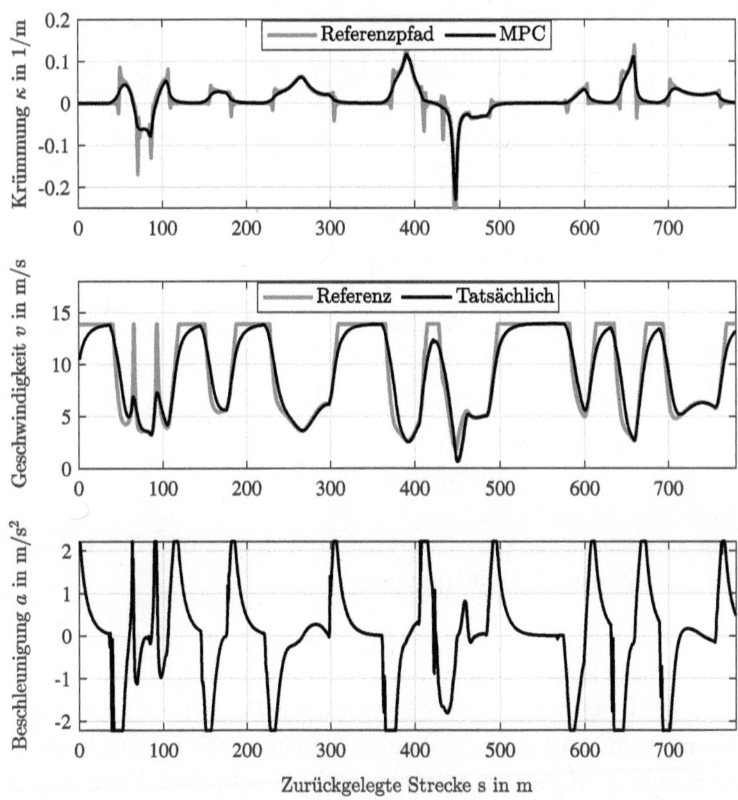

Abbildung 6.5: Vergleich der tatsächlichen Referenzkrümmung mit der vom MPC erzeugten Krümmung sowie die Auswertung der Geschwindigkeitsregelung

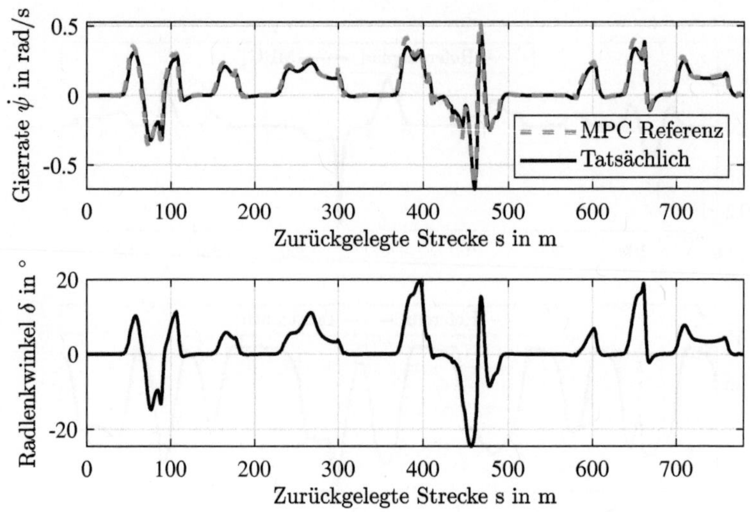

Abbildung 6.6: Auswertung der Gierraten-Trajektorienfolge durch die robuste H_∞-Querregelung

In Abb. 6.6 ist das Folgeverhalten der Querregelung aufgezeigt. Besonders auffällig erscheint hierbei, dass die Gierrate der MPC zwischen $s = 450$ und $s = 480$ eine starke Änderung aufweist, die aus der hohen Änderungsrate der Pfadkrümmung in diesem Streckenabschnitt resultiert. Vom Minimum bei etwa -0.6 rad/s steigt die Gierrate schnell auf das Maximum von etwa 0.5 rad/s. Die untergeordnete H_∞-Regelung zeigt ein gutes Führungsverhalten der Gierratenreferenz der MPC und folgt auch den starken Änderungen der Gierrate zwischen $s = 450$ und $s = 480$, wie in der unteren Darstellung des Verlaufs des Radlenkwinkels zu sehen ist.

In Abb. 6.7 sind die fahrdynamischen Beschränkungen, die in der MPC eingestellt sind, dargestellt. Da die MPC Trajektorienplanung darauf beschränkt ist, im linearen Bereich der Reifenkräfte zu bleiben, ist es nicht überraschend zu sehen, dass weder der Verlauf der Schräglaufwinkel α noch das maximale Kraftschlusspotential für dieses Anwendungsbeispiel ausgereizt wird.

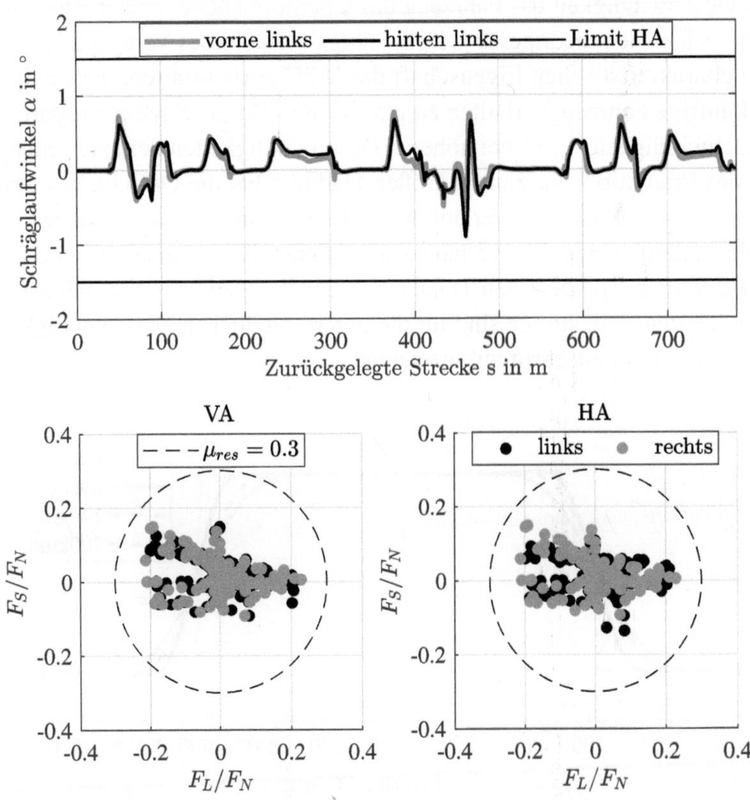

Abbildung 6.7: Auswertung der Schräglaufwinkel und der Kraftschlussausnutzung, exemplarisch für die linken Räder

6.2 Anwendungsbeispiel 2: Autobahn Überholmanöver

Im zweiten Anwendungsbeispiel wird ein Überholmanöver mit bis zu 200 km/h
untersucht. Dabei ist der Referenzpfad nicht wie im vorherigen Beispiel ein
kontinuierlicher Pfad, sondern gleicht einem plötzlichen Spurwechsel, wie in
Abb. 6.8 dargestellt. In dieser Auswertung ist zunächst der tatsächlich gefahrene
Pfad im Vergleich zur Referenz, für Überholmanöver mit Geschwindigkeiten

von 80 km/h, 140 km/h und 200 km/h, gezeigt. Es ist zu erkennen, dass mit steigender Geschwindigkeit das Fahrzeug das Überholmanöver früher einleitet als im Vergleich zu den niedrigeren Geschwindigkeiten. Dieses Verhalten lässt sich auf die charakteristischen Eigenschaft der MPC zurückführen, der Fähigkeit das zukünftige Fahrzeugverhalten zu prädizieren. Da die Strecke proportional zur Geschwindigkeit ist, ist bei höheren Geschwindigkeiten demnach auch die Länge des Prädiktionshorizonten größer. Dadurch hat die Optimierung früher Zugriff auf den zukünftigen Verlauf des Referenzpfads und kann frühzeitig potenzielle Änderungen im Fahrverhalten antizipieren. Diese Annahme wird durch die Darstellung der prädizierten Trajektorien der Y-Position in Abb. 6.9 gestützt. Die prädizierten Trajektorien sind für die unterschiedlichen Geschwindigkeiten für jeden zehnten Zeitschritt aufgezeichnet.

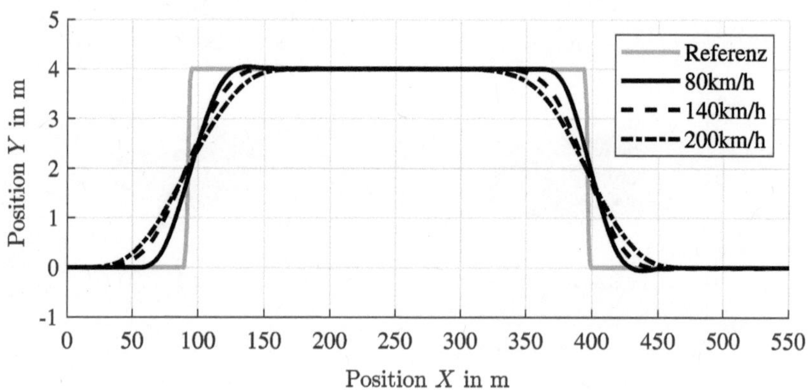

Abbildung 6.8: Darstellung des Überholmanövers für unterschiedliche Geschwindigkeiten

Es lässt sich deutlich erkennen, dass die MPC für 200 km/h früher und sanfter das Überholmanöver einleitet. Darüber hinaus bietet die längere Positionsprädiktion den Vorteil, dass die MPC bereits früher optimale Stellgrößen berechnen kann, welche die Kostenfunktion minimieren und die Einhaltung der fahrdynamischen Beschränkungen sicherstellen. Die definierte Kostenfunktion der MPC bestraft dabei vor allem die Positionsabweichung vom Referenzpfad. Vor allem beim Überholmanöver für 80 km/h zeigt die MPC ein erkennbares Bestreben, den Fehler zur Referenz schnellstmöglich schließen zu wollen.

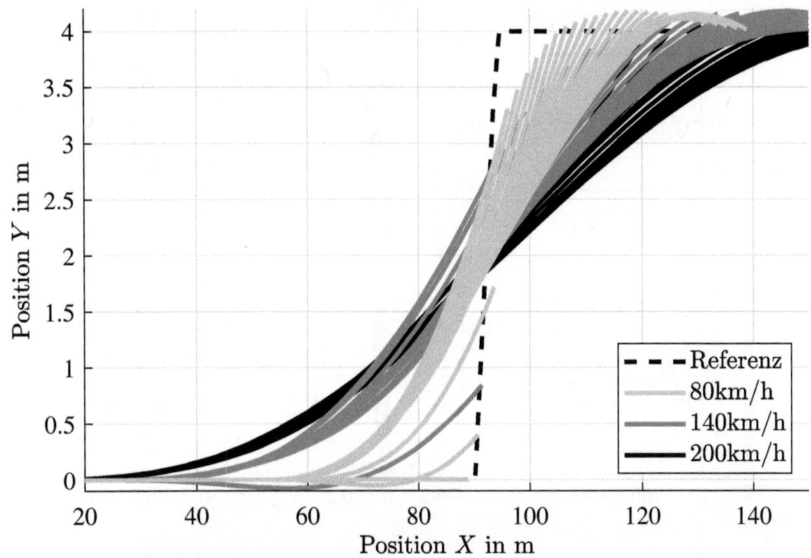

Abbildung 6.9: Darstellung der prädizierten Trajektorien für die Y-Position. Aufgezeichnet für jeden 10. Zeitschritt

Dies zeigt sich darin, dass die Spitzen der prädizierten Positionstrajektorien versuchen, dem Referenzpfad so genau wie möglich zu folgen. Wenn die Kostenfunktion den Positionsfehler des Fahrzeugs bestraft, stellt sich die Frage, warum die MPC beim Überholmanöver mit 200 km/h ein früheres Einlenken als optimales Verhalten wählt. Dieses frühere Einlenken führt zwangsläufig zu einem größeren Positionsfehler. Um diese Frage beantworten zu können, müssen die in der MPC betrachteten, fahrdynamischen Kenngrößen während dem Überholmanöver untersucht werden. Dafür ist in Abb. 6.10 der Verlauf der Schräglaufwinkel an Vorder- und Hinterachse aufgezeichnet (exemplarisch für den linken Reifen) sowie die Kraftschlusspotentiale der Reifen im Kammschen Kreis. Zunächst lässt sich feststellen, dass beim Überholmanöver mit den unterschiedlichen Geschwindigkeiten relativ kleine Schräglaufwinkel auftreten, die nicht in den Bereich der Begrenzung geraten. Auffällig hingegen erscheint der Verlauf der Reifenquerkräfte.

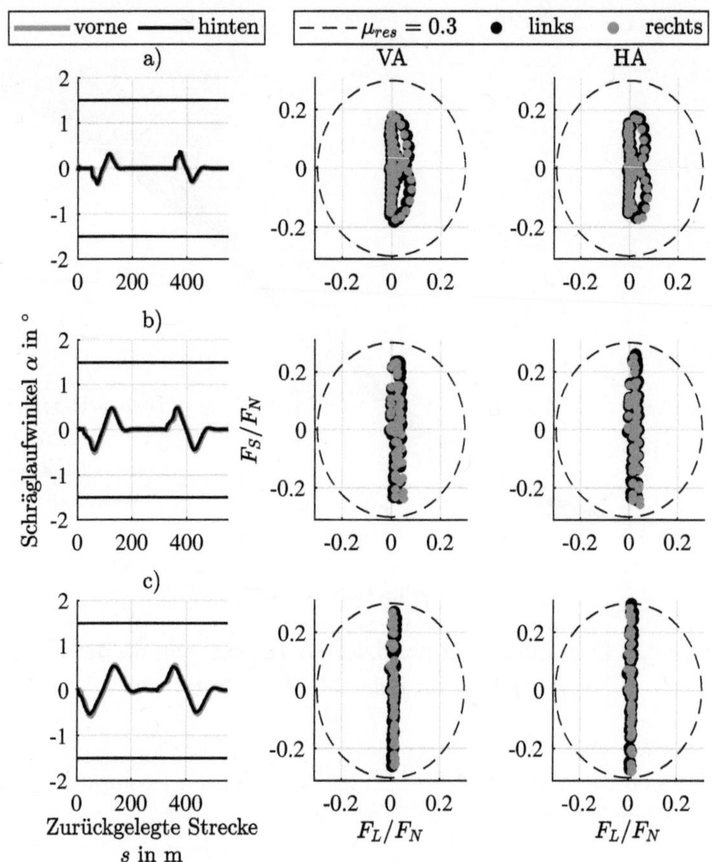

Abbildung 6.10: Auswertung der Schräglaufwinkel und des Kraftschlusspotentials für das Überholmanöver mit a) 80 km/h,
b) 140km/h und c) 200 km/h

Für 80 km/h befinden sich diese noch deutlich entfernt vom Maximum. Für
200 km/h hingegen ist zu erkennen, dass das Maximum der aufnehmbaren Sei-
tenkräfte ausgereizt wird. Daher muss die MPC für diesen Fall früher einlenken,
um die Beschränkung des Kraftschlusspotentials nicht zu verletzen.

In Abb. 6.11 ist der Verlauf der Radlenkwinkel und der Gierrate gezeigt, dessen
Extremwerte mit steigender Geschwindigkeit kleiner werden. In dieser Auswertung lässt sich ein interessantes Muster erkennen. Zu Beginn ($s = 60$) und
gegen Ende ($s = 360$) des Überholmanövers sind im Verlauf der Gierrate und
auch im Verlauf der Radlenkwinkel Krümmungen zu beobachten.

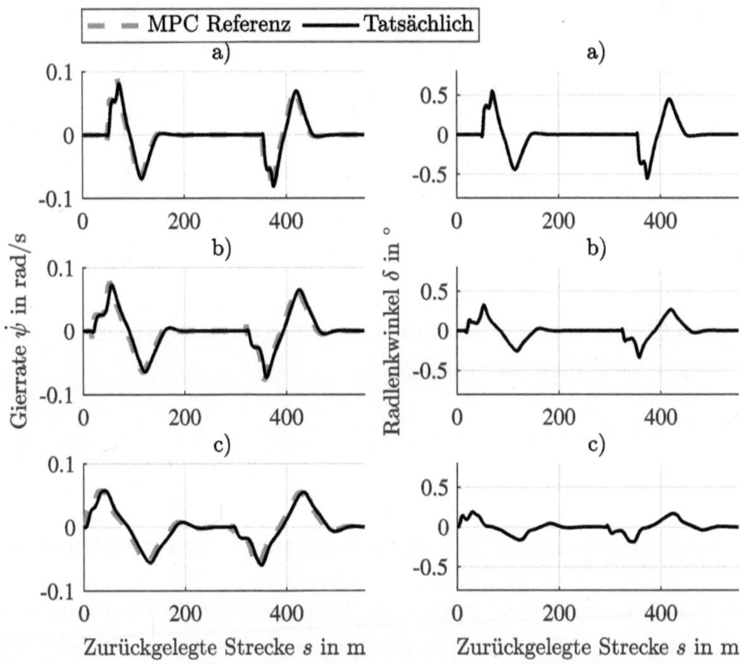

Abbildung 6.11: Ergebnis der Gierraten-Trajektorienfolge mit den entsprechenden Radlenkwinkel dargestellt für a) 80km/h,
b) 140km/h und c) 200km/h

Auch hier spielt die Begrenzung der Reifenkräfte eine wesentliche Rolle. Bei
einer Begrenzung mit $\mu_{res} = 0.3$ wird an diesen Stellen in der Prädiktion der
Gierrate die Sättigung erreicht. Belegt wird diese Annahme mit dem dargestellten Einfluss des μ_{res}-Wertes in Abb. 6.12. Hier ist exemplarisch für 140 km/h
gezeigt, wie mit einer Erhöhung der Begrenzung auf $\mu_{res} = 0.4$ die Krüm-

mungen im Verlauf der Gierrate verschwinden, da für diesen Fall ein höheres Kraftschlusspotential zur Verfügung steht.

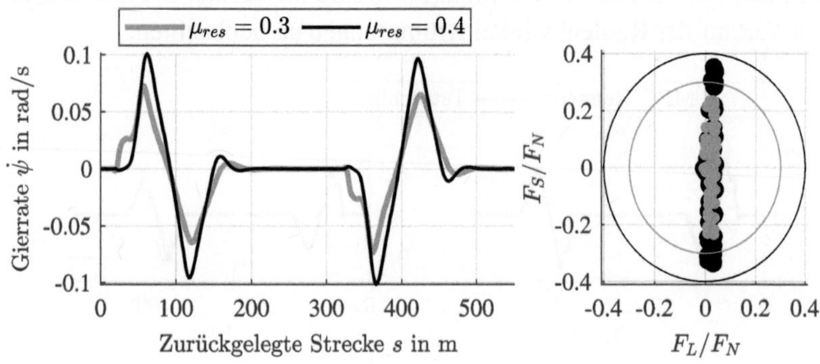

Abbildung 6.12: Einfluss der Beschränkung des Kraftschlusspotentials auf die Giergeschwindigkeit

6.3 Anwendungsbeispiel 3: Überholmanöver unter Seitenwind

In diesem Anwendungsbeispiel soll die Reglerstruktur für das Überholmanöver unter Seitenwind ausgewertet werden. Die Empfindlichkeit eines Reglers gegenüber Störungen spielt bei der Bewertung der Reglerperformanz eine wichtige Rolle. Insbesondere bei der Geradeausfahrt mit höheren Geschwindigkeiten ist die Empfindlichkeit gegenüber Seitenwind von großer Bedeutung. Der Seitenwind kann dabei sehr plötzlich und sprunghaft auftreten, wie z.B. bei Überfahrten von Autobahnbrücken, beim Verlassen des Windschattens eines LKWs oder bei der Ausfahrt aus einem Tunnel ohne Waldbereich [78]. Bei diesem Test wird das Fahrzeug sprunghaft beim Eintritt des Überholmanövers mit der Seitenwindstörung beaufschlagt. Ziel ist es hierbei, das Verhalten des Reglers unter dieser plötzlich auftretenden Gierratenstörung zu untersuchen. Es ist eine Seitenwindkraft von 1000 N gewählt, welche während des Überholmanövers konstant gehalten wird.

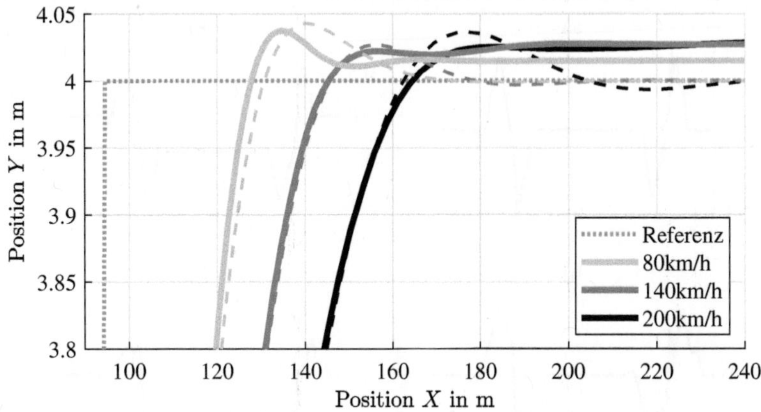

Abbildung 6.13: Darstellung des Überholmanövers unter Seitenwind. Die durchgezogenen Linien stellen das Überholmanöver unter Seitenwind dar. Die gestrichelten Linien beschreiben das Manöver ohne Seitenwind

In Abb. 6.13 ist der Spurwechsel unter Seitenwindstörung im Vergleich zum Spurwechsel ohne Störung dargestellt. Es wird deutlich, dass trotz einer relativ starken Störung der Referenzpfad ziemlich genau verfolgt werden kann. Im Vergleich zum Manöver ohne Seitenwind zeigt sich jedoch ein geringfügiger, bleibender Positionsfehler von etwa 2-3 cm. Diese bleibende Positionsabweichung kann darauf zurückgeführt werden, dass der Positionsfehler kein eigener Zustand des H_∞-Reglers ist. Durch Hinzunahme des Positionsfehlers als weiteren Zustand könnte die bleibende Abweichung weiter minimiert bzw. vollständig entfernt werden. Allerdings würde dies zu einer höheren Ordnung des Reglers führen. Die hier dargestellte Auswertung des Querreglers bezüglich der Unterdrückung von Gierratenstörungen ist überzeugend, weshalb es nicht erforderlich erscheint, das Fahrdynamikmodell der Querregelung mit weiteren Zuständen zu ergänzen. In Abb. 6.14 ist das Folgeverhalten des Querreglers mit den entsprechenden Verläufen der Radlenkwinkel dargestellt.

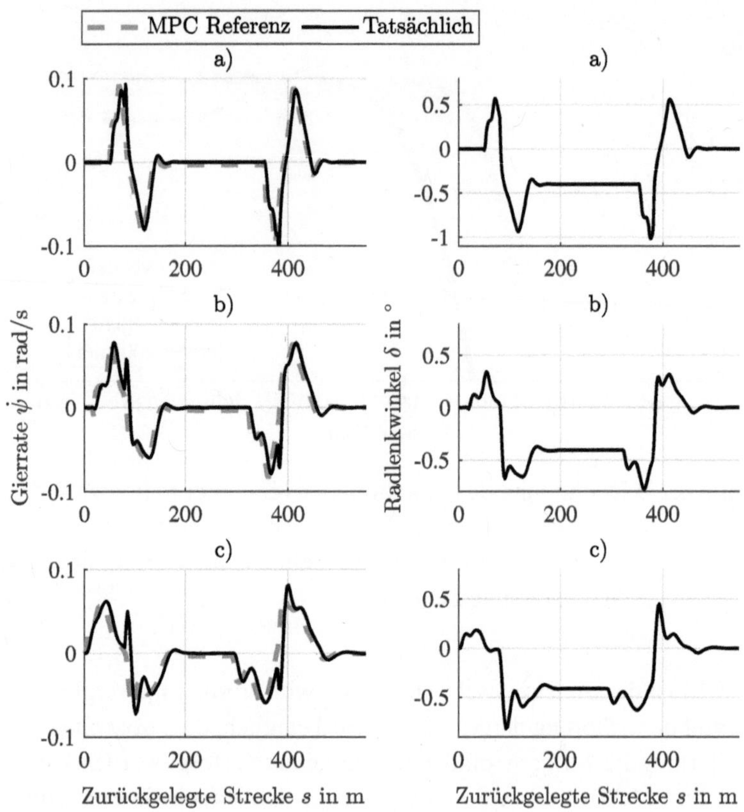

Abbildung 6.14: Ergebnis der Gierraten-Trajektorienfolge unter Seitenwind-Störung. Dargestellt mit den entsprechenden Verläufen der Radlenkwinkel für a) 80km/h, b) 140km/h und c) 200km/h

Im Vergleich erscheint besonders auffällig, dass der Querregler unabhängig von der gefahrenen Geschwindigkeit mit nahezu identischem Radlenkwinkel der Seitenkraftstörung entgegenwirkt, wie im Streckenabschnitt zwischen $s = 180$ und $s = 380$ zu sehen ist. Dabei stellt sich ein Radlenkwinkel von etwa $\delta \approx$ -0,4° ein, um die Störung zu unterdrücken. Hervorzuheben ist auch der Sprung im tatsächlichen Gierratenverlauf beim plötzlichen Auftreten ($s = 80$) sowie bei der Wegnahme ($s = 380$) des Seitenwindes. Es ist zu beobachten, dass die Stärke des Sprungs mit zunehmender Geschwindigkeit ansteigt und der Regler deutlich länger benötigt, um die Gierratenstörung zu kompensieren. Bei einer Geschwindigkeit von 80 km/h scheint der Queregler nur geringfügige Ausgleichseingriffe vorzunehmen. Bei Geschwindigkeiten von 140 km/h und insbesondere bei 200 km/h, treten zum Zeitpunkt der Seitenwindaufschaltung stärkere Reglereingriffe zur Kompensation auf. Dadurch zeichnen sich leichte Nachschwingmuster ab, um das Fahrzeug bzw. dessen Gierbewegung zu stabilisieren.

Aufgrund der Unvorhersehbarkeit von Seitenwindstörungen ist es interessant zu analysieren, welche Auswirkungen diese Gierratenstörung auf die fahrdynamischen Größen hat, die in der MPC als Beschränkungen festgelegt sind. In Abbildung 6.15 ist der Verlauf der Schräglaufwinkel und die Kraftschlussausnutzung anhand der Kammschen Kreise dargestellt. Es fällt auf, dass im Vergleich zum Manöver ohne Seitenwind die Schräglaufwinkel an der Vorderachse deutlich zugenommen haben, was auf eine Lenkung entgegen des Seitenwinds zurückzuführen ist. Ebenfalls erkennbar ist, dass in diesem Manöver die Beschränkung des Kraftschlusspotentials nicht mehr eingehalten wird. Dies zeigt sich daran, dass die Beschränkung von $\mu_{\mathrm{res}} = 0{,}3$ für die Reifen an der Vorderachse kurzzeitig überschritten wird. Die gemessenen Werte außerhalb der Beschränkung resultieren aus dem plötzlichen Auftreten der Seitenwindstörung und der entsprechend schnellen Reaktion des Reglers zur Kompensation. Daher überschreitet die normierte Seitenkraft des Reifens während der Ausgleichsbewegung vorübergehend die festgelegte Beschränkung.

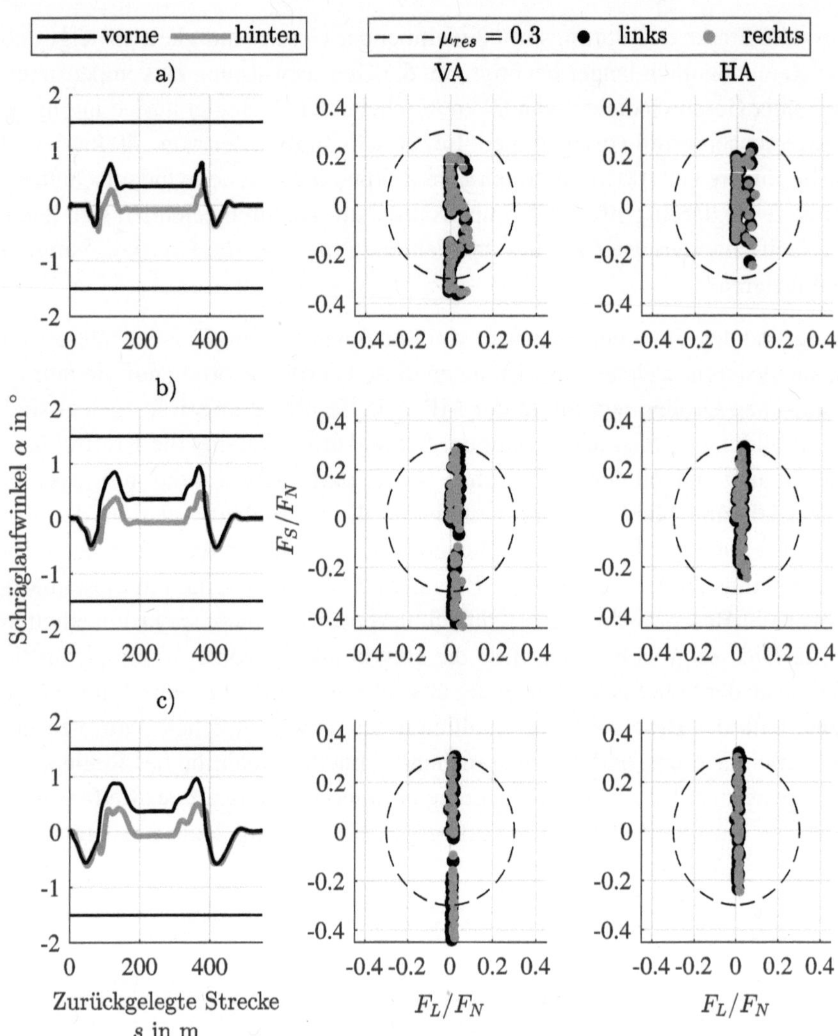

Abbildung 6.15: Auswertung der Schräglaufwinkel und des Kraftschlusspotentials für das Überholmanöver unter Seitenwind-Störung mit a) 80 km/h, b) 140 km/h und c) 200 km/h

6.4 Anwendungsbeispiel 4: Experimentelle Testfahrt

Das letzte Anwendungsbeispiel stellt eine reale Testfahrt mit dem flexCAR in der ARENA2036 dar. Die ARENA2036, kurz für „Active Research Environment for the Next Generation of Automobiles", ist ein Forschungscampus in Stuttgart, der sich auf die Entwicklung und Erforschung der Automobilproduktion der Zukunft konzentriert [19]. Aufgrund der starken Beschränkung der Geschwindigkeit und der Platzverhältnisse in der ARENA2036 ist ein Manöver gewählt, das gewisse Herausforderungen beinhaltet. Wie in Abb. 6.16 zu sehen ist, soll das flexCAR eine 20 m lange gerade Strecke folgen, wenden und zum Ausgangspunkt zurückgelangen. Die Schwierigkeit in diesem Manöver liegt dabei auf dem Wechsel von der Links- in die Rechtskurve bei $X = 18$, $Y = 5$. Im Wendepunkt soll das flexCAR dabei kurzzeitig eine zur Ausgangslage senkrechte Orientierung aufweisen. In Abb. 6.16 ist zu erkennen, dass der Referenzpfad mit einer Positionsabweichung von unter 20 cm gefolgt wird. Die größte Abweichung tritt an der angesprochenen Stelle des Kurvenwechsels auf. An dieser Stelle herrscht eine Positionsabweichung von etwa 15 cm.

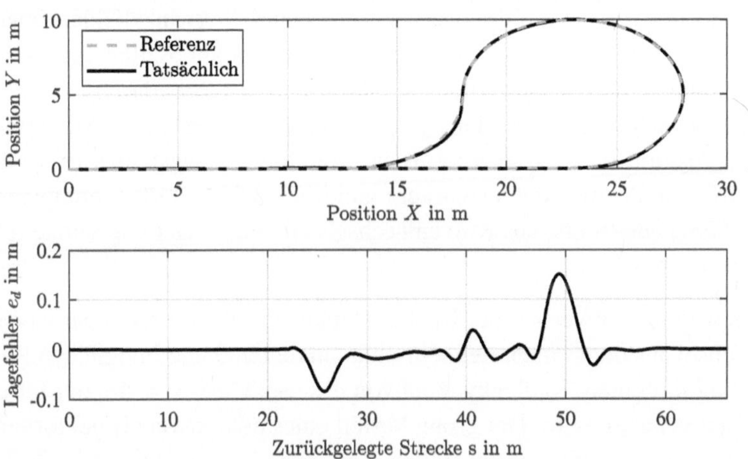

Abbildung 6.16: Auswertung des Lagefehlers der experimentellen Testfahrt in der ARENA2036

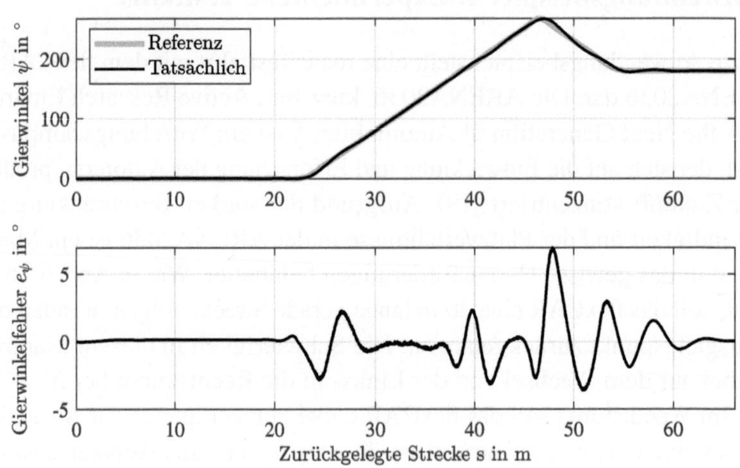

Abbildung 6.17: Auswertung des Gierwinkelfehlers der experimentellen
Testfahrt in der ARENA2036

In Abb. 6.17 ist der Verlauf des Gierwinkels und des Gierwinkelfehlers abgebildet. Im Verlauf des Gierwinkelfehlers erscheint der stärker oszillierende Verlauf
im Vergleich zum Positionsfehler sehr auffällig. Dies ist dadurch zu erklären,
dass das Gewicht in der Berechnung optimaler Stellgrößen in der MPC stärker
auf dem Positionsfehler gesetzt ist als auf den Orientierungsfehler. Daher wird
der prädizierte Positionsfehler stärker unterdrückt als der Orientierungsfehler,
sodass sich an der Stelle des Kurvenwechsels ein maximaler Gierwinkelfehler
von etwa 6° einstellt.

In Abb. 6.18 ist der Verlauf der Radlenkwinkel zu sehen. Erkennbar ist dabei
der Wechsel aus dem linken Lenkeinschlag in den maximal möglichen Recht-
seinschlag mit einem Radlenkwinkel von $\delta = -23°$ bei $s = 48$, der für eine
kurze Zeit gehalten wird. Der große Vorteil einer prädiktiven Trajektorienplanung ist in dieser Abbildung ersichtlich. Zwischen den berechneten Stellgrößen
des Reglers und dem tatsächlichen Verlauf der Radlenkwinkel ist eine deutliche
Verzögerung zu erkennen. Diese Verzögerung resultiert aus mehreren Faktoren.
Ein Faktor ist bspw. die träge Aktordynamik der Lenkung, welche im Fahrzeug
verbaut ist.

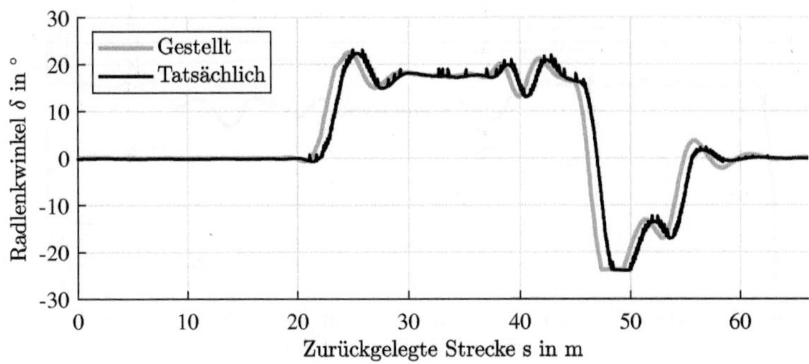

Abbildung 6.18: Verlauf der Radlenkwinkel der experimentellen Testfahrt in der ARENA2036

Bei der steer-by-wire Lenkung, die im flexCar verbaut ist, dauert es etwa 300 ms bis der Lenkwinkelbefehl tatsächlich umgesetzt wird. Ein weiterer Faktor ist die Verzögerung bei der Übertragung des Signals. Wie in Abb. 6.2 dargestellt, werden die Stellgrößen-Signale auf der HPC3 berechnet und über Ethernet an die ECU gesendet. Von dort aus werden sie über CAN-Leitungen an die entsprechende Aktorik gesendet. Die Verzögerung in der bloßen Übertragung liegt bei etwa 50 ms. Indem die Lenkungsdynamik im Prädiktionsmodell der MPC allerdings berücksichtigt ist, können Trajektorien berechnet werden, welche die insgesamte Verzögerung, vom Befehl bis zum tatsächlichen Erreichen, kompensieren. Man spricht in diesem Fall von einer Totzeitkompensation durch Prädiktion.

In Abb. 6.19 ist das Ergebnis des Geschwindigkeitsreglers dargestellt. Es ist zu erkennen, dass der Geschwindigkeitsfehler insbesondere im Bereich der Kreisfahrt zunimmt. Dies lässt sich vor allem darauf zurückführen, dass ein gegensinniges Lenkverhalten an Vorder- und Hinterachse abbremsend wirkt. Auffällig ist auch der oszillierende Verlauf der vom Regler gesteuerten Beschleunigung zwischen $s = 0$ und $s = 20$. Dabei ist anzumerken, dass das Verfolgen dieser sehr niedrigen Geschwindigkeit eine große Herausforderung darstellt. Wie aus dem Beschleunigungsverlauf hervorgeht, erreicht das flexCAR bereits nach wenigen Metern die Zielgeschwindigkeit.

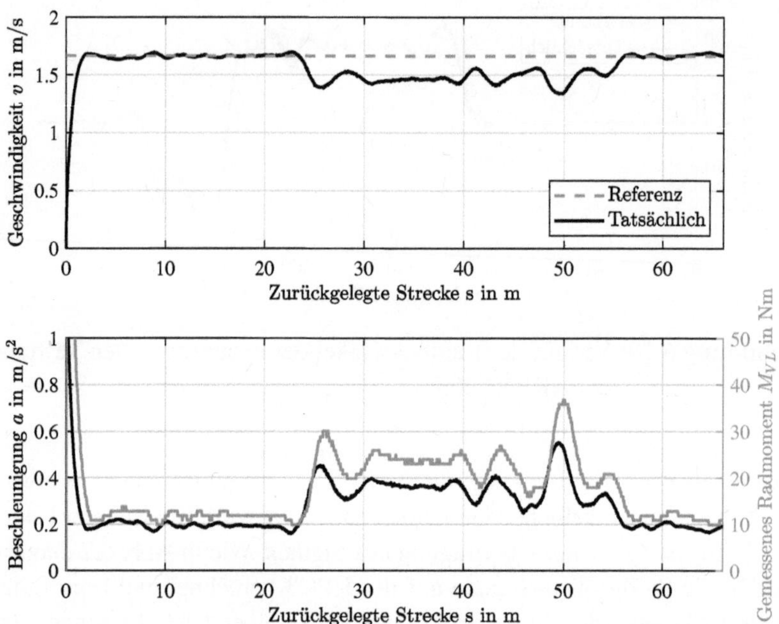

Abbildung 6.19: Auswertung der Längsregelung am Beispiel der experimentellen Testfahrt in der ARENA2036

Für die restliche Strecke bis zur Linkskurve bedarf es lediglich ein Moment von etwa $M = 10$ Nm pro Rad, um der Geschwindigkeitsvorgabe von 6 km/h zu folgen. Kleinere Beschleunigungen zur Reduzierung des Geschwindigkeitsfehlers führen daher zu einem kurzzeitigen Überschreiten der Geschwindigkeitsreferenz. Dieses Überschreiten der Referenz wiederum führt zu einer Verringerung der Beschleunigung, was den gezeigten oszillierenden Verlauf erklärt. Im Rahmen des Projekts flexCAR ist auch die Funktion einer Hinderniserkennung und Umfahrung implmentiert. Eine Hindernisumfahrung stellt im Bereich der Trajektorienplanung ein Problem dar. Eine explizite Berücksichtigung von Hindernissen in der Optimierung führt zu einem nicht-konvexen Optimierungsproblem. Abhilfe kann geschaffen werden, indem das Hindernis als Beschränkung an e_l formuliert wird.

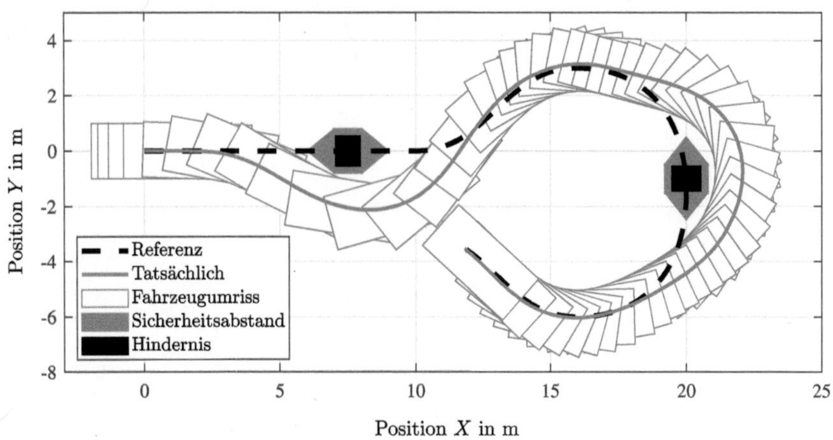

Abbildung 6.20: Auswertung der Hindernisumfahrung in der ARENA2036

Damit wird erreicht, dass an der Stelle des Hindernisses ein Positionsfehler zum eigentlichen Referenzpfad erzwungen wird. Die Hindernisinformationen, wie Länge, Breite, Höhe und die Position relativ zum Fahrzeug werden durch die Objekterkennungsfunktion erfasst und an die Situationsanalyse geleitet. Anhand dieser Informationen entscheidet die Situationsanalyse, ob das Hindernis links- oder rechtsseitig umfahren wird. Sollte das Hindernis den Referenzpfad so blockieren, dass kein Ausweichkorridor gefunden werden kann, ordnet die Situationsanalyse an, das Fahrzeug anzuhalten. In Abb. 6.20 ist die Umfahrung zweier Hindernisse dargestellt. Um eine zu enge Annäherung an die Hindernisse zu vermeiden, ist eine Sicherheitszone eingestellt, die eine frühzeitige Umplanung der Trajektorien ermöglicht. Die dargestellten Fahrzeugumrisse verdeutlichen, dass die Hindernisse wie vorgesehen mit einem ausreichenden Sicherheitsabstand umfahren werden.

7 Schlussfolgerung und Ausblick

Die vorliegende Arbeit beschäftigt sich mit der Entwicklung einer optimierungsbasierten Trajektorienplanung und einer robusten Folgeregelung für hochautomatisierte Fahrzeuge. Die steigende Entwicklung und Serienproduktion hochautomatisierter Fahrerassistenzsysteme unterstreicht die Relevanz dieses Forschungsfeldes, wie bereits in der Einführung herausgearbeitet wird.

Das Kapitel *Stand der Technik* zeigt, dass die modellprädiktive Regelung besonders gut für die Trajektorienplanung geeignet ist, da sie die Fahrzeugbewegung prädizieren kann und gleichzeitig Beschränkungen explizit berücksichtigt. Im Bereich der robusten Regler kommen vor allem die Sliding Mode Regelung (SMC) und die H_∞-Regelung in Betracht. Die H_∞-Regelung bietet als einziger Regler den Vorteil, Modellierungsunsicherheiten im Reglerentwurfsprozess explizit zu berücksichtigen. Bei entsprechender Auslegung des Regelkreises kann nachweislich eine Garantie für die robuste Performanz erhalten werden. Daher ist die H_∞-Regelung als bevorzugte Methode für die Trajektorienfolgeregelung ausgewählt. Aufbauend auf diesen Erkenntnissen wird in Kapitel 3 ein Konzept für die automatisierte Fahrzeugführung vorgestellt. Es basiert auf dem Fahrermodell nach Donges und weist eine strukturierte, hierarchische Reglerstruktur auf, die den gestellten Anforderungen an das Regelungskonzept gerecht wird.

Eine optimierungsbasierte, modellprädiktive Trajektorienplanung ist in Kapitel 4 enworfen, welche unter Einhaltung der beschriebenen Beschränkungen den Positions-, Lage- und Geschwindigkeitsfehler minimiert. Dabei werden Trajektorien geplant, die das Fahrzeug im linearen Bereich der Reifenkräfte halten. Die Berücksichtigung der Reifendynamik sorgt dafür, dass weichere Trajektorien geplant werden, die für das Fahrzeug umsetzbar sind. Die Berücksichtigung der Lenkungsdynamik sorgt dafür, dass die Totzeit vom Lenkwinkelkommando bis zum tatsächlichen Einstellen berücksichtigt wird. Eine Kompensation der Totzeit wird damit durch die prädiktive Eigenschaft der MPC erreicht. Um eine Lösbarkeit des Optimierungsproblems gewährleisten zu können, sind für die Schräglaufwinkel und die Kraftschlussausnutzung weiche Beschränkungen eingeführt. Diese sorgen dafür, dass bei Erreichung der Beschränkungen diese überschritten werden dürfen, um die Lösbarkeit des Optimierungsproblems aufrechtzuerhalten. Die Evaluation zeigt, dass mit Hilfe der MPC Trajektorien geplant werden, welche die definierten Beschränkungen einhalten.

In Kapitel 5 ist die Auswirkung der parametrischen und dynamischen Unsicherheiten anhand des Gierratenübertragungsverhaltens aufgezeigt. Vor diesem Hintergrund sind robuste Regler für die Längs- und Querdynamik entworfen, welche die Unsicherheiten explizit in dem Reglerentwurfsprozess berücksichtigen, um gewünschte Anforderungen an den Regelkreis zu erreichen. Für den Längsregler sind dabei die Fahrzeugmasse und die Einlauflänge der Reifenlängskraft als unsichere Parameter bestimmt. Im Entwurf des Querreglers sind die Achssteifigkeiten an Vorder- und Hinterachse sowie die Lage des Schwerpunktes als parametrische Unsicherheiten festgelegt. Es werden Verfahren für den Reglerentwurf vorgestellt, die eine robuste Performanz gegenüber den festgelegten Modellunsicherheiten garantieren. In diesem Zusammenhang ist die Bedeutung der strukturierten Singulärwerte aufgezeigt, mit welchen auf eine einfache und übersichtliche Art und Weise die Robustheit und Performanz von Regelkreisen bewertet werden kann. Zudem dienen sie als Referenz bei der Modellreduktion, um den ursprünglichen, hochdimensionalen Regler durch einen Regler niedrigerer Ordnung zu ersetzen, der für eine praktische Implementierung auf einem Steuergerät geeignet ist. Schließlich werden robuste Regler für die Längs- und Querregelung entworfen, deren robuste Performanz gegenüber den beschriebenen Modellunsicherheiten garantiert ist. Die Performanz dieser Regler wird abschließend im Vergleich zu LQR-Reglern demonstriert.

Abschließend ist das gesamte Regelungskonzept zur automatisierten Fahrzeugführung, bestehend aus einer optimierungsbasierten und prädikitenven Trajektorienplanung und robusten Folgeregelung, anhand verschiedener Anwendungsbeispiele evaluiert. Die Evaluation zeigt, dass:

- der Trajektorienfolgefehler für alle Anwendungsbeispiele und Manöver innerhalb des geforderten Toleranzbereichs gehalten wird.

- alle aufgestellten Beschränkungen eingehalten sind.

- die Robustheit gegenüber äußeren Störungen gegeben ist.

■ die praktische Implementierung und Anwendbarkeit des Konzepts im Versuchsträger flexCAR erfolgreich demonstriert ist.

Zweifelsohne wird die Weiterentwicklung hochautomatisierter Fahrerassistenzsysteme einen wesentlichen Beitrag zur Erhöhung der Verkehrseffizienz und -sicherheit beitragen. Die in dieser Arbeit herausgearbeiteten Ansätze und Ergebnisse motivieren daher für weitere Forschungsarbeiten im Bereich des hochautomatisierten Fahrens. Die Entwicklung solcher Fahrerassistenzsysteme ist ein komplexer und iterativer Prozess, der vor allem die Validierung im realen Straßenverkehr erfordert. Da der Straßenverkehr zum Zeitpunkt dieser Arbeit nicht zugänglich war, bietet sich dieser Aspekt als Schwerpunkt für zukünftige Untersuchungen an. So könnte das Regelungskonzept an anderen Versuchsträgern mit höheren Geschwindigkeiten und anspruchsvolleren fahrdynamischen Manövern erprobt werden. Dabei könnte beispielsweise der Insassenkomfort stärker fokussiert werden, mit dem Ziel, Trajektorien zu generieren, die nicht nur dynamisch effizient, sondern auch besonders angenehm für die Insassen sind.

Literaturverzeichnis

[1] AEBERHARD, Michael u. a.: Experience, Results and Lessons Learned from Automated Driving on Germany's Highways. In: *IEEE Intelligent Transportation Systems Magazine* 7 (2015), Nr. 1, S. 42 – 57

[2] ALMASKATI, Deema ; KERMANSHACHI, Sharareh ; PAMIDIMUKKULA, Apurva: Autonomous vehicles and traffic accidents. In: *Transportation Research Procedia* 73 (2023), S. 321 – 328. – International Scientific Conference „The Science and Development of Transport - Znanost i razvitak prometa – ZIRP 2023". – ISSN 2352-1465

[3] ALRIFAEE, Bassam ; MACZIJEWSKI, Janis ; ABEL, Dirk: Sequential convex programming MPC for dynamic vehicle collision avoidance. In: *2017 IEEE Conference on Control Technology and Applications (CCTA)*, 2017, S. 2202 – 2207

[4] ALRIFAEE, Bassam ; MAMAGHANI, Masoumeh G. ; ABEL, Dirk: Centralized non-convex model predictive control for cooperative collision avoidance of networked vehicles. In: *2014 IEEE International Symposium on Intelligent Control (ISIC)*, 2014, S. 1583 – 1588

[5] AMER, N.H. u. a.: Modelling and Control Strategies in Path Tracking Control for Autonomous Ground Vehicles: A Review of State of the Art and Challenges. In: *Journal of Intelligent and Robotic Systems* Bd. 86, 11 2016, S. 225 – 254

[6] AMIDI, Omead ; THORPE, Chuck E.: Integrated mobile robot control. In: *Mobile Robots V* Bd. 1388 International Society for Optics and Photonics (Veranst.), SPIE, 1991, S. 504 – 523

[7] ANDERSON, Sterling J. ; KARUMANCHI, Sisir ; IAGNEMMA, Karl: Constraint-based planning and control for safe, semi-autonomous operation of vehicles. In: *2012 IEEE Intelligent Vehicles Symposium* (2012), S. 383 – 388. ISBN 978-1-4673-2118-1

[8] AOUDE, Georges S. ; LUDERS, Brandon D. ; LEVINE, Daniel S. ; How, Jonathan P.: Threat-aware path planning in uncertain urban environments. In: *IEEE/RSJ International Conference on Intelligent Robots and Systems*, 2010, S. 6058 – 6063

[9] ÅSTRÖM, Karl Johan ; HÄGGLUND, Tore: *PID Controllers: Theory, Design, and Tuning*. ISA - The Instrumentation, Systems and Automation Society, 1995. – ISBN 1-55617-516-7

[10] BEHRINGER, R. ; MULLER, N.: Autonomous road vehicle guidance from autobahnen to narrow curves. In: *IEEE Transactions on Robotics and Automation* 14 (1998), Nr. 5, S. 810 – 815

[11] BELLMAN, Richard E.: *Dynamic Programming*. Princeton University Press, 2010. – ISBN 9781400835386

[12] BERTRAM, Torsten: *Fahrerassistenzsysteme 2018 - Von der Assistenz zum automatisierten Fahren : 4. Internationale ATZ-Fachtagung Automatisiertes Fahren*. Wiesbaden; Heidelberg : Springer Fachmedien Wiesbaden GmbH, 2019

[13] BETZ, Johannes u. a.: TUM autonomous motorsport: An autonomous racing software for the Indy Autonomous Challenge. In: *Journal of Field Robotics* 40 (2023), Nr. 4, S. 783 – 809

[14] BLOCK, Lukas: *Ein Verfahren zur Entwicklung flexibler Fahrzeug-Software- und -Hardware-Architekturen unter Unsicherheit*. Springer Vieweg Wiesbaden, 2023. – ISBN 978-3-658-42804-4

[15] BOUCKAERT, Stéphanie u. a.: Net Zero by 2050 - A Roadmap for the Global Energy Sector. In: *International Energy Agency* (2021), S. 131

[16] CALZOLARI, Davide ; SCHÜRMANN, Bastian ; ALTHOFF, Matthias: Comparison of trajectory tracking controllers for autonomous vehicles. In: *2017 IEEE 20th International Conference on Intelligent Transportation Systems (ITSC)*, 2017

[17] CAMPBELL, Mark ; EGERSTEDT, Magnus ; How, Jonathan ; MURRAY, Richard: Autonomous driving in urban environments: Approaches, lessons

and challenges. In: *Philosophical transactions. Series A, Mathematical, physical, and engineering sciences* 368 (2010), 10, S. 4649 – 4672

[18] CARVALHO, Ashwin ; GAO, Yiqi ; GRAY, Andrew ; TSENG, H. E. ; BORRELLI, Francesco: Predictive control of an autonomous ground vehicle using an iterative linearization approach. In: *16th International IEEE Conference on Intelligent Transportation Systems (ITSC 2013)*, 2013, S. 2335 – 2340

[19] CHAUDHARY, Parul u. a.: *ARENA2036: A Collaborative Space for the Future of Mobility and Production*. S. 139 – 153. In: *The Future of Smart Production for SMEs: A Methodological and Practical Approach Towards Digitalization in SMEs*. Cham : Springer International Publishing, 2023

[20] CHU, Keonyup ; LEE, Minchae ; SUNWOO, Myoungho: Local Path Planning for Off-Road Autonomous Driving With Avoidance of Static Obstacles. In: *IEEE Transactions on Intelligent Transportation Systems* 13 (2012), Nr. 4, S. 1599 – 1616

[21] DE LUCA, A. ; ORIOLO, G. ; SAMSON, C.: *Feedback control of a nonholonomic car-like robot*. S. 171 – 253. In: *Robot Motion Planning and Control*. Berlin, Heidelberg : Springer Berlin Heidelberg, 1998. – ISBN 978-3-540-40917-5

[22] DEL RE, Luigi u. a.: *Automotive Model Predictive Control: Models, Methods and Applications*. Springer London, März 2010. – ISBN 978-1-84996-071-7

[23] DICKMANNS, Ernst D.: Vehicles capable of dynamic vision: a new breed of technical beings? In: *Artificial Intelligence* 103 (1998), Nr. 1, S. 49 – 76. – ISSN 0004-3702

[24] DIKMEN, Murat ; BURNS, Catherine: Autonomous Driving in the Real World: Experiences with Tesla Autopilot and Summon, 10 2016, S. 225 – 228

[25] DIKMEN, Murat ; BURNS, Catherine: Trust in autonomous vehicles: The case of Tesla Autopilot and Summon. In: *2017 IEEE International Conference on Systems, Man, and Cybernetics (SMC)*, 2017, S. 1093–1098

[26] DIXON, W.E.: *Nonlinear Control of Wheeled Mobile Robots*. Springer, 2001 (Lecture Notes in Control and Information Sciences). – ISBN 9781852334147

[27] DOLGOV, Dmitri ; THRUN, Sebastian: Autonomous driving in semi-structured environments: Mapping and planning. In: *2009 IEEE International Conference on Robotics and Automation*, 2009, S. 3407 – 3414

[28] DOLGOV, Dmitri ; THRUN, Sebastian ; MONTEMERLO, Michael ; DIEBEL, James: Path Planning for Autonomous Vehicles in Unknown Semi-structured Environments. In: *The International Journal of Robotics Research* 29 (2010), Nr. 5, S. 485 – 501

[29] DONGES, Edmund: *Fahrerverhaltensmodelle*. S. 15 – 23. In: *Handbuch Fahrerassistenzsysteme: Grundlagen, Komponenten und Systeme für aktive Sicherheit und Komfort*. Wiesbaden : Vieweg+Teubner, 2009. – ISBN 978-3-8348-9977-4

[30] DOYLE, J.: Guaranteed margins for LQG regulators. In: *IEEE Transactions on Automatic Control* 23 (1978), Nr. 4, S. 756 – 757

[31] FALCONE, Paolo ; BORRELLI, Francesco ; ASGARI, Jahan ; TSENG, Hong-tei E. ; HROVAT, Davor: Predictive Active Steering Control for Autonomous Vehicle Systems. In: *IEEE Transactions on Control Systems Technology* 15 (2007), Nr. 3, S. 566 – 580

[32] FERGUSON, Dave ; HOWARD, Thomas ; LIKHACHEV, Maxim: Motion Planning in Urban Environments: Part I. In: *Journal of Field Robotics* 25 (2008), 11, S. 1063 – 1069. ISBN 978-3-642-03990-4

[33] FRAEDRICH, Eva u. a.: *Automatisiertes Fahren im Personen- und Güterverkehr: Auswirkungen auf den Modal-Split, das Verkehrssystem und die Siedlungsstrukturen*. Berlin-Adlershof : e-mobil BW GmbH – Landesagentur für Elektromobilität und Brennstoffzellentechnologie Baden-Württemberg, 2017

[34] FRIDRICH, Alexander: *Ein integriertes Fahrdynamikregelkonzept zur Unterstützung des Fahrwerkentwicklungsprozesses*. Springer Vieweg Wiesbaden, 01 2020. – ISBN 978-3-658-32273-1

[35] FRIDRICH, Alexander u. a.: Innovative torque vectoring control concept to generate predefined lateral driving characteristics. In: *18. Internationales Stuttgarter Symposium*. Wiesbaden : Springer Fachmedien Wiesbaden, 2018, S. 377 – 394. – ISBN 978-3-658-21194-3

[36] FUNKE, Joseph u. a.: Up to the limits: Autonomous Audi TTS. In: *2012 IEEE Intelligent Vehicles Symposium*, 2012, S. 541 – 547

[37] GAO, Yiqi ; LIN, Theresa ; BORRELLI, Francesco ; TSENG, Eric ; HROVAT, Davor: Predictive control of autonomous ground vehicles with obstacle avoidance on slippery roads. In: *Dynamic systems and control conference* Bd. 44175, 2010, S. 265 – 272

[38] GEIGER, Andreas u. a.: Team AnnieWAY's Entry to the 2011 Grand Cooperative Driving Challenge. In: *IEEE Transactions on Intelligent Transportation Systems* 13 (2012), Nr. 3, S. 1008 – 1017

[39] GONZÁLEZ, David ; PÉREZ, Joshué ; MILANÉS, Vicente ; NASHASHIBI, Fawzi: A Review of Motion Planning Techniques for Automated Vehicles. In: *IEEE Transactions on Intelligent Transportation Systems* 17 (2016), Nr. 4, S. 1135 – 1145

[40] GRÜNE, Lars ; PANNEK, Jürgen: *Nonlinear Model Predictive Control – Theory and Algorithms*. Springer Cham, November 2016. – ISBN 978-3-319-46024-6

[41] GU, Tianyu ; DOLAN, John: Toward human-like motion planning in urban environments. In: *IEEE Intelligent Vehicles Symposium, Proceedings* (2014), 06, S. 350 – 355. ISBN 978-1-4799-3638-0

[42] GÖRNE, Lorenz ; REUSS, Hans-Christian: *Service Oriented Software Architecture for Vehicle Diagnostics*. S. 72 – 77, 01 2021. – ISBN 978-3-030-68016-9

[43] HAN, Long u. a.: Bézier curve based path planning for autonomous vehicle in urban environment. In: *2010 IEEE Intelligent Vehicles Symposium*, 2010, S. 1036 – 1042

[44] HEDRICK, J.K.: Vehicle Control Issues in Intelligent Vehicle Highway Systems. In: *IFAC Advances in Automotive Control* 28 (1995), Nr. 1, S. 195 – 202. – IFAC Workshop on Advances in Automative Control, Ascona, Switzerland, 13-17 March. – ISSN 1474-6670

[45] HEILMEIER, Alexander u. a.: Minimum curvature trajectory planning and control for an autonomous race car. In: *Vehicle System Dynamics* 58 (2020), Nr. 10, S. 1497 – 1527

[46] HERRMANN, Thomas ; PASSIGATO, Francesco ; BETZ, Johannes ; LIENKAMP, Markus: Minimum Race-Time Planning-Strategy for an Autonomous Electric Racecar. In: *2020 IEEE 23rd International Conference on Intelligent Transportation Systems (ITSC)*, 2020, S. 1 – 6

[47] HEWING, Lukas ; KABZAN, Juraj ; ZEILINGER, Melanie N.: Cautious Model Predictive Control Using Gaussian Process Regression. In: *IEEE Transactions on Control Systems Technology* 28 (2020), Nr. 6, S. 2736 – 2743

[48] HOFFMANN, Gabriel M. ; TOMLIN, Claire J. ; MONTEMERLO, Michael ; THRUN, Sebastian: Autonomous Automobile Trajectory Tracking for Off-Road Driving: Controller Design, Experimental Validation and Racing. In: *2007 American Control Conference*, 2007, S. 2296 – 2301

[49] HOMANN, Andreas: *Trajektorienfolgeregelung für automatisierte Fahrzeuge*. S. 115 – 122, Fakultät für Elektrotechnik und Informationstechnik - Technische Universität Dortmund, Mai 2023

[50] HU, Chuan ; JING, Hui ; WANG, Rongrong ; YAN, Fengjun ; CHADLI, Mohammed: Robust H_∞ output-feedback control for path following of autonomous ground vehicles. In: *Mechanical Systems and Signal Processing* 70-71 (2016), S. 414 – 427. – ISSN 0888-3270

[51] INTERNATIONAL ORGANIZATION FOR STANDARDIZATION: *Passenger cars — Test track for a severe lane-change manoeuvre — Part 1: Double lane-change*. ISO 3888-1:2018. Geneva, Switzerland, 2018

[52] INTERNATIONAL ORGANIZATION FOR STANDARDIZATION: *Passenger cars — Steady-state circular driving behaviour — Open-loop test methods*. ISO 4138:2021. Geneva, Switzerland, 2021

[53] INTERNATIONAL ORGANIZATION FOR STANDARDIZATION: *Taxonomy and defini-tions for terms related to driving automation systems for on-road motor vehicles*. ISO/SAE PAS 22736:2021(E). Geneva, Switzerland, 2021

[54] ISERMANN, Rolf: *Fahrdynamik-Regelung: Modellbildung, Fahrerassis-tenzsysteme, Mechatronik*. Vieweg+Teubner Verlag | Springer Fachme-dien Wiesbaden GmbH, 2006. – ISBN 978-3-8348-9049-8

[55] JO, Kichun u. a.: Overall Reviews of Autonomous Vehicle A1 - System Architecture and Algorithms. In: *IFAC Proceedings Volumes* 46 (2013), Nr. 10, S. 114 – 119. – 8th IFAC Symposium on Intelligent Autonomous Vehicles. – ISSN 1474-6670

[56] K, Vivek ; AMBALAL SHETA, Milankumar ; GUMTAPURE, Veershetty: A Com-parative Study of Stanley, LQR and MPC Controllers for Path Tracking Application (ADAS/AD). In: *2019 IEEE International Conference on Intelligent Systems and Green Technology (ICISGT)*, 2019

[57] KABZAN, Juraj u. a.: AMZ Driverless: The full autonomous racing system. In: *Journal of Field Robotics* 37 (2020), Nr. 7, S. 1267 – 1294

[58] KABZAN, Juraj ; HEWING, Lukas ; LINIGER, Alexander ; ZEILINGER, Me-lanie N.: Learning-Based Model Predictive Control for Autonomous Racing. In: *IEEE Robotics and Automation Letters* 4 (2019), Nr. 4, S. 3363 – 3370

[59] KAMMEL, Sören u. a.: *Team AnnieWAY's Autonomous System for the DARPA Urban Challenge 2007*. S. 359 – 391. In: *The DARPA Urban Challenge: Autonomous Vehicles in City Traffic*. Berlin, Heidelberg : Springer Berlin Heidelberg, 2009

[60] KAPANIA, Nitin R. ; GERDES, J. C.: Design of a feedback-feedforward steering controller for accurate path tracking and stability at the limits of handling. In: *Vehicle System Dynamics* 53 (2015), Nr. 12, S. 1687 – 1704

[61] KARAMAN, Sertac u. a.: Anytime Motion Planning using the RRT*. In: *Proceedings - IEEE International Conference on Robotics and Automati-on* (2011), S. 1478 – 1483

[62] KATRINIOK, Alexander: *Optimal Vehicle Dynamics Control and State Estimation for a Low-Cost GNSS-based Collision Avoidance System*, Dissertation, 03 2014

[63] KATRINIOK, Alexander u. a.: Optimal vehicle dynamics control for combined longitudinal and lateral autonomous vehicle guidance. In: *2013 European Control Conference*, 2013, S. 974 – 979

[64] KATRINIOK, Alexander ; ABEL, Dirk: LTV-MPC approach for lateral vehicle guidance by front steering at the limits of vehicle dynamics. In: *2011 50th IEEE Conference on Decision and Control and European Control Conference*, 2011, S. 6828 – 6833

[65] KAUFMANN, Elia u. a.: Champion-level drone racing using deep reinforcement learning. In: *Nature* 620 (2023), S. 982 – 987

[66] KELLER, Christoph G. u. a.: Active Pedestrian Safety by Automatic Braking and Evasive Steering. In: *IEEE Transactions on Intelligent Transportation Systems* 12 (2011), Nr. 4, S. 1292 – 1304

[67] KELLY, Alonzo u. a.: Toward Reliable Off Road Autonomous Vehicles Operating in Challenging Environments. In: *International Journal of Robotics Research* Bd. 25, 01 2004, S. 599 – 608. – ISBN 978-3-540-28816-9

[68] KHALIL, Hassan: *Nonlinear Systems*. Pearson Deutschland, 2013. – ISBN 9781292039213

[69] KIEBLER, Jochen: *Lokalisierung und Fahrzustandsschätzung für eine vollautomatisierte elektrische Fahrzeugplattform*. Springer Vieweg Wiesbaden, August 2024. – ISBN 978-3-658-45849-2

[70] KIEBLER, Jochen ; SALJANIN, Miralem ; MÜLLER, Sven ; TODOROVIC, Smiljana ; NEUBECK, Jens ; WAGNER, Andreas: Novel Approach for Vehicle-Self-Localization. In: *22. Internationales Stuttgarter Symposium*. Wiesbaden : Springer Fachmedien Wiesbaden, 2022, S. 75 – 88. – ISBN 978-3-658-37011-4

[71] KOLAROVA, Viktoriya ; STARK, Kerstin ; LENZ, Prof. Dr. B.: *Projekt „DiVA – Gesellschaftlicher Dialog zum vernetzten und automatisierten Fahren"* *- Schlussbericht.* Berlin : Deutsches Zentrum für Luft- und Raumfahrt e.V. (DLR) - Institut für Verkehrsforschung, 2020 ISSN 2513-1699

[72] KOMARNICKI, Przemyslaw ; HAUBROCK, Jens ; STYCZYNSKI, Zbigniew A.: *Elektromobilität und Sektorenkopplung.* Berlin : Springer-Verlag GmbH, 2020. – ISBN 978-3-662-62035-9

[73] KONG, Jason ; PFEIFFER, Mark ; SCHILDBACH, Georg ; BORRELLI, Francesco: Kinematic and dynamic vehicle models for autonomous driving control design. In: *2015 IEEE Intelligent Vehicles Symposium (IV)* (2015), S. 1094 – 1099

[74] KUMMERLE, Rainer u. a.: Autonomous driving in a multi-level parking structure. In: *2009 IEEE International Conference on Robotics and Automation*, 2009, S. 3395 – 3400

[75] KUWATA, Yoshiaki u. a.: Motion planning for urban driving using RRT. In: *2008 IEEE/RSJ International Conference on Intelligent Robots and Systems*, 2008, S. 1681 – 1686

[76] KUWATA, Yoshiaki u. a.: Real-Time Motion Planning With Applications to Autonomous Urban Driving. In: *IEEE Transactions on Control Systems Technology* 17 (2009), Nr. 5

[77] KÖNIG, Lars: *Ein virtueller Testfahrer für den querdynamischen Grenzbereich*, expert verlag, 2009. – ISBN 978-3-8169-2988-8

[78] KÜÇÜKAY, Ferit: *Grundlagen der Fahrzeugtechnik.* Wiesbaden : Springer Vieweg, 2022. – ISBN 978-3-658-36727-5

[79] LAHRES, M. ; DASSLER, J. ; HERMANN, F. ; MÖLLER, M. ; KOPPENBORG, J. ; POLZINGER, B. ; KESSLER, D. ; SALJANIN, M. ; KIEBLER, J. ; ACKERMANN, A. ; WIZL, J. ; BLOCK, L. ; DETTLING, J. ; RIEMBER, T. ; GAO, K. ; GREINER, D. ; REUSCH, N.: FlexCAR - Die Forschungsplattform von morgen - Teil II. In: *Werkstattstechnik online* (2023)

[80] LAHRES, Michael u. a.: *FlexCAR – Eine Forschungsplattform für das autonome Fahren*. Berlin, Heidelberg : Springer Vieweg, 02 2025. – ISBN 978-3-662-69750-4

[81] LANGE, Alexander: *Gestaltung der Fahrdynamik beim Fahrstreifenwechselmanöver als Rückmeldung für den Fahrer beim automatisierten Fahren*, Technische Universität München, Dissertation, 2018

[82] LEVINSON, Jesse u. a.: Towards fully autonomous driving: Systems and algorithms. In: *2011 IEEE Intelligent Vehicles Symposium (IV)*, 2011, S. 163 – 168

[83] LEWIS, Frank L. ; DAWSON, Darren M. ; ABDALLAH, Chaouki T.: *Robot manipulator control: theory and practice*. CRC Press, 2003

[84] LINIGER, Alexander ; DOMAHIDI, Alexander ; MORARI, Manfred: Optimization-based autonomous racing of 1:43 scale RC cars. In: *Optimal Control Applications and Methods* 36 (2015), Nr. 5, S. 628 – 647

[85] MACENSKI, Steven ; FOOTE, Tully ; GERKEY, Brian ; LALANCETTE, Chris ; WOODALL, William: Robot Operating System 2: Design, architecture, and uses in the wild. In: *Science Robotics* 7 (2022), Nr. 66

[86] MACENSKI, Steven ; SORAGNA, Alberto ; CARROLL, Michael ; GE, Zhenpeng: Impact of ROS 2 Node Composition in Robotic Systems. In: *IEEE Robotics and Autonomous Letters (RA-L)* (2023)

[87] MADÅS, David u. a.: On path planning methods for automotive collision avoidance. In: *2013 IEEE Intelligent Vehicles Symposium (IV)*, 2013, S. 931 – 937

[88] MAYNE, David Q.: Model predictive control: Recent developments and future promise. In: *Automatica* 50 (2014), Nr. 12, S. 2967 – 2986. – ISSN 0005-1098

[89] MCKEEVER, Ben ; WANG, Peggy ; WEST, Tom: *Caltrans Connected and Automated Vehicle Strategic Plan*. UC Berkeley: California Partners for Advanced Transportation Technology, 2020

[90] MITSCHKE, Manfred: *Dynamik der Kraftfahrzeuge, Band C: Fahrverhalten*. 2. Auflage. Springer-Verlag Berlin, Heidelberg, 1990. – 15 – 16 S. – ISBN 3-540-15476-0

[91] MITTEREGGER, Mathias u. a.: *AVENUE21. Automatisierter und vernetzter Verkehr: Entwicklungen des urbanen Europa*. Berlin, Heidelberg : Springer Berlin Heidelberg, 2020. – ISBN 978-3-662-61283-5

[92] MONTEMERLO, Michael u. a.: *Junior: The Stanford Entry in the Urban Challenge*. S. 91 – 123. In: *The DARPA Urban Challenge: Autonomous Vehicles in City Traffic*. Berlin, Heidelberg : Springer Berlin Heidelberg, 2009. – ISBN 978-3-642-03991-1

[93] MONTOYA-VILLEGAS, Luis ; MORENO-VALENZUELA, Javier ; PÉREZ-ALCOCER, Ricardo: A feedback linearization-based motion controller for a UWMR with experimental evaluations. In: *Robotica* 37 (2019), Nr. 6, S. 1073 — 1089

[94] MORALES, J. ; MARTÍNEZ, Jorge ; MARTÍNEZ, María ; MANDOW, Anthony: Pure-Pursuit Reactive Path Tracking for Nonholonomic Mobile Robots with a 2D Laser Scanner. In: *EURASIP Journal on Advances in Signal Processing* 2009 (2009), S. 1 – 10

[95] MÜNSTER, Marco u. a.: U-Shift II Vision and Project Goals. In: *22. Internationales Stuttgarter Symposium*. Wiesbaden : Springer Fachmedien Wiesbaden, 2022, S. 18 – 31. – ISBN 978-3-658-37011-4

[96] NEUBECK, Jens: *Fahreigenschaften des Kraftfahrzeugs*. Vorlesungsskript

[97] NÉMETH, Balázs ; GÁSPÁR, Péter ; ORJUELA, Rodolfo ; BASSET, Michel: LPV-based Control Design of an Adaptive Cruise Control System for Road Vehicles. In: *IFAC-PapersOnLine* 48 (2015), Nr. 14, S. 62 – 67. – 8th IFAC Symposium on Robust Control Design ROCOND 2015. – ISSN 2405-8963

[98] OPPENHEIM, A.V. ; SCHAFER, R.W.: *Discrete-time Signal Processing*. Pearson, 2010 (Prentice-Hall signal processing series). – ISBN 978-0-131-98842-2

[99] PACEJKA, Hans B. ; BAKKER, Egbert: THE MAGIC FORMULA TYRE MODEL. In: *Vehicle System Dynamics* 21 (1992), S. 1 – 18

[100] PACKARD, A. ; DOYLE, J.: The complex structured singular value. In: *Automatica* 29 (1993), Nr. 1, S. 71 – 109. – ISSN 0005-1098

[101] PADEN, Brian u. a.: A Survey of Motion Planning and Control Techniques for Self-Driving Urban Vehicles. In: *IEEE Transactions on Intelligent Vehicles* 1 (2016), Nr. 1, S. 33 – 55

[102] PADEN, Brian u. a.: A Survey of Motion Planning and Control Techniques for Self-Driving Urban Vehicles. In: *IEEE Transactions on Intelligent Vehicles* 1 (2016), Nr. 1, S. 33 – 55

[103] PENDLETON, Scott D. u. a.: Perception, Planning, Control, and Coordination for Autonomous Vehicles. In: *Machines* 5 (2017), Nr. 1. – ISSN 2075-1702

[104] POMERLEAU, D. ; JOCHEM, T.: Rapidly adapting machine vision for automated vehicle steering. In: *IEEE Expert* 11 (1996), Nr. 2, S. 19 – 27

[105] PRITHVI K., Belagodu: *Modelling and Simulation of a Two-Track Vehicle Model*, Studienarbeit, Universität Stuttgart, 2021

[106] RANKIN, Arturo L. ; CRANE, III ; ARMSTRONG, II: Evaluating a PID, pure pursuit, and weighted steering controller for an autonomous land vehicle. In: *Mobile Robots XII* Bd. 3210, January 1998, S. 1 – 12

[107] RATHGEBER, Christian: *Trajektorienplanung und -folgeregelung für assistiertes bis hochautomatisiertes Fahren - Dissertation.* Technische Universität Berlin (Germany), 2016

[108] RAWLINGS, J.B. ; MAYNE, D.Q. ; DIEHL, M.: *Model Predictive Control: Theory, Computation, and Design.* Nob Hill Publishing, 2017. – ISBN 978-0-975-93773-0

[109] RIEKERT, P. ; SCHUNCK, T.E.: Zur Fahrmechanik des gummibereiften Kraftfahrzeugs. In: *Ingenieur Archiv* 11 (1940), S. 210 – 224

[110] RILL, G.: First Order Tire Dynamics. In: *III European Conference on Computational Mechanics*. Dordrecht : Springer Netherlands, 2006, S. 776. – ISBN 978-1-4020-5370-2

[111] ROKONUZZAMAN, Mohammad ; MOHAJER, Navid ; NAHAVANDI, Saeid ; MOHAMED, Shady: Review and performance evaluation of path tracking controllers of autonomous vehicles. In: *IET Intelligent Transport Systems* 15 (2021), Nr. 5, S. 646 – 670

[112] ROSSNAGEL, Alexander: *Grundrechtsschutz Im Smart Car*. Wiesbaden : Springer Fachmedien Wiesbaden GmbH, 2019. – ISBN 978-3-658-26944-9

[113] SALJANIN, Miralem u. a.: A model predictive control approach for highly automated vehicles in urban environments. In: *Automotive and Engine Technology* 7 (2022), S. 105 – 113

[114] SCHARF, Louis L. ; HARTHILL, William P. ; MOOSE, Paul H.: A comparison of expected flight times for intercept and pure pursuit missiles. In: *IEEE Transactions on Aerospace and Electronic Systems* AES-5 (1969), Nr. 4, S. 672 – 673

[115] SCHERER, Carsten: *Theory of Robust Control*. Department of Mathematics, University of Stuttgart, Germany, 2001 (University Lecture)

[116] SCHWALL, Matthew u. a.: Waymo Public Road Safety Performance Data. (2020), S. 1 – 14

[117] SERBAN, Alexandru C. ; POLL, Erik ; VISSER, Joost: A Standard Driven Software Architecture for Fully Autonomous Vehicles. In: *2018 IEEE International Conference on Software Architecture Companion (ICSA-C)*, 2018, S. 120 – 127

[118] SHLADOVER, S.E.: PATH at 20 - History and Major Milestones. In: *2006 IEEE Intelligent Transportation Systems Conference* (2006)

[119] SHTESSEL, Yuri ; EDWARDS, C. ; FRIDMAN, Leonid ; LEVANT, Arie: *Sliding Mode Control and Observation, Series: Control Engineering*. Birkhäuser New York, 2016. – ISBN 978-0-81764-8923

[120] SIEBENPFEIFFER, Wolfgang: *Mobilität der Zukunft: Intermodale Verkehrs-konzepte*. Berlin : Springer-Verlag GmbH, 2020. – ISBN 978-3-662-61352-8

[121] SKOGESTAD, Sigurd ; POSTLETHWAITE, I: *Multivariable Feedback Control: Analysis and Design*. Bd. 2, John Wiley and sons, 2005. – ISBN 978-0-470-01168-3

[122] SLOTINE, J.J.E. ; LI, W.: *Applied Nonlinear Control*. Prentice Hall, 1991. – ISBN 9780130408907

[123] SNIDER, Jarrod M.: Automatic Steering Methods for Autonomous Automobile Path Tracking. Pittsburgh, PA, February 2009 (CMU-RI-TR-09-08). – Forschungsbericht

[124] SOROKA, E. ; SHAKED, U.: On the robustness of LQ regulators. In: *IEEE Transactions on Automatic Control* 29 (1984), Nr. 7, S. 664 – 665

[125] STATISTISCHES BUNDESAMT, VERKEHR: *Verkehrsunfälle*. Fachserie 8 Reihe 7, 2021. – 49 S

[126] STEFAN F., Campbell: *Steering control of an autonomous ground vehicle with application to the DARPA Urban Challenge - Thesis*. Massachusetts Institute of Technology - Dept. of Mechanical Engineering, 2007

[127] STELLATO, B. ; BANJAC, G. ; GOULART, P. ; BEMPORAD, A. ; BOYD, S.: OSQP: an operator splitting solver for quadratic programs. In: *Mathematical Programming Computation* 12 (2020), Nr. 4, S. 637 – 672

[128] THORPE, Chuck ; JOCHEM, Todd ; POMERLEAU, Dean: Automated Highways and the Free Agent Demonstration. In: *Robotics Research*. London : Springer London, 1998, S. 246 – 254. – ISBN 978-1-4471-1580-9

[129] THRUN, Sebastian u. a.: *Stanley: The Robot That Won the DARPA Grand Challenge*. S. 1 – 43. In: *The 2005 DARPA Grand Challenge: The Great Robot Race*. Berlin, Heidelberg : Springer Berlin Heidelberg, 2007. – ISBN 978-3-540-73429-1

[130] TODOROVIC, Smiljana u. a.: New Approach to Friction Estimation with 4WD Vehicle. In: *21. Internationales Stuttgarter Symposium* (2021), S. 142 – 154

[131] TORRENTE, Guillem ; KAUFMANN, Elia ; FOEHN, Philipp ; SCARAMUZZA, Davide: Data-Driven MPC for Quadrotors. In: *IEEE Robotics and Automation Letters* (2021)

[132] ULMER, B.: VITA – an autonomous road vehicle (ARV) for collision avoidance in traffic. In: *Proceedings of the Intelligent Vehicles '92 Symposium*, 1992, S. 36 – 41

[133] ULMER, B.: VITA II – active collision avoidance in real traffic. In: *Proceedings of the Intelligent Vehicles '94 Symposium*, 1994, S. 1 – 6

[134] UNTERREINER, Michael: *Modellbildung und Simulation von Fahrzeugmodellen unterschiedlicher Komplexität*, Dissertation, Mai 2014

[135] URMSON, Chris u. a.: *A Robust Approach to High-Speed Navigation for Unrehearsed Desert Terrain*. S. 45 – 102. In: *The 2005 DARPA Grand Challenge: The Great Robot Race*. Berlin, Heidelberg : Springer Berlin Heidelberg, 2007. – ISBN 978-3-540-73429-1

[136] VERBAND DER AUTOMOBILINDUSTRIE (VDA): *Tatsachen und Zahlen, Jahresberichte*. 2023

[137] VERSCHUEREN, Robin u. a.: acados – a modular open-source framework for fast embedded optimal control. In: *Mathematical Programming Computation* (2021)

[138] WAGNER, Andreas: *Grundlagen der Kraftfahrzeuge*. Vorlesungsskript

[139] WANG, Hengyang ; LIU, Biao ; PING, Xianyao ; AN, Quan: Path Tracking Control for Autonomous Vehicles Based on an Improved MPC. In: *IEEE Access* 7 (2019), S. 161064 – 161073

[140] WASCHL, Harald ; KOLMANOVSKY, Ilya ; WILLEMS, Frank: *Ein modellbasiertes Regelungskonzept für einen Gesamtfahrzeug-Dynamikprüfstand*. Wiesbaden : Springer Fachmedien Wiesbaden GmbH, 2020. – ISBN 978-3-658-30098-2

[141] WEI, Junqing u. a.: Towards a viable autonomous driving research platform. In: *2013 IEEE Intelligent Vehicles Symposium (IV)*, 2013, S. 763 – 770

[142] WERLING, Moritz: *Ein neues Konzept für die Trajektoriengenerierung und -stabilisierung in zeitkritischen Verkehrsszenarien*. Karlsruhe : KIT Scientific Publishing, Apr 2011. – 164 S. – ISBN 978-3-86644-631-1

[143] WERLING, Moritz ; GINDELE, Tobias ; JAGSZENT, Daniel ; GROLL, Lutz: A robust algorithm for handling moving traffic in urban scenarios. In: *2008 IEEE Intelligent Vehicles Symposium*, 2008, S. 1108 – 1112

[144] WERLING, Moritz ; KAMMEL, Sören ; ZIEGLER, Julius ; GRÖLL, Lutz: Optimal trajectories for time-critical street scenarios using discretized terminal manifolds. In: *The International Journal of Robotics Research* 31 (2012), Nr. 3, S. 346 – 359

[145] WERLING, Moritz ; ZIEGLER, Julius ; KAMMEL, Sören ; THRUN, Sebastian: Optimal Trajectory Generation for Dynamic Street Scenarios in a Frenet Frame. In: *Proceedings - IEEE International Conference on Robotics and Automation*, 2010, S. 987 – 993

[146] WISCHNEWSKI, A. ; EULER, M. ; GÜMÜS, S. ; LOHMANN, B.: Tube model predictive control for an autonomous race car. In: *Vehicle System Dynamics* 60 (2022), Nr. 9, S. 3151 – 3173

[147] WISCHNEWSKI, A. ; EULER, M. ; GÜMÜS, S. ; LOHMANN, B.: Tube model predictive control for an autonomous race car. In: *Vehicle System Dynamics* 60 (2022), Nr. 9, S. 3151 – 3173

[148] WISCHNEWSKI, Alexander u. a.: *Indy Autonomous Challenge - Autonomous Race Cars at the Handling Limits*. S. 163 – 182, 2022. – ISBN 978-3-662-64549-9

[149] WITTPAHL, Volker: *Künstliche Intelligenz: Technologie, Anwendung, Gesellschaft*. Berlin : Springer-Verlag GmbH, 2018. – ISBN 978-3-662-58042-4

[150] XU, Wenda ; PAN, Jia ; WEI, Junqing ; DOLAN, John: Motion planning under uncertainty for on-road autonomous driving. In: *Proceedings - IEEE International Conference on Robotics and Automation*, 2014, S. 2507 – 2512

[151] YANG, Kai u. a.: Comparative Study of Trajectory Tracking Control for Automated Vehicles via Model Predictive Control and Robust H-infinity State Feedback Control. In: *Chinese Journal of Mechanical Engineering* 34 (2021), Nr. 1. ISBN 10009345

[152] ZEITVOGEL, Daniel: *Methodik für die Querdynamik-Evaluation auf einem Fahrzeugdynamikprüfstand.* Springer Vieweg Wiesbaden, 2024. – ISBN 978-3-658-44095-4

[153] ZEITVOGEL, Daniel u. a.: An Innovative Test System for Holistic Vehicle Dynamics Testing, SAE International, 2019

[154] ZHOU, K ; DOYLE, JC ; GLOVER, K: Robust and optimal control. (1996). ISBN 978-0-134-56567-5

[155] ZIEGLER, J. ; WERLING, M. ; SCHRODER, J.: Navigating car-like robots in unstructured environments using an obstacle sensitive cost function. In: *2008 IEEE Intelligent Vehicles Symposium*, 2008, S. 787 – 791

[156] ZIEGLER, Julius u. a.: Making Bertha Drive—An Autonomous Journey on a Historic Route. In: *IEEE Intelligent Transportation Systems Magazine* 6 (2014), Nr. 2, S. 8 – 20

Anhang

A.1 Fahrzeugmodellierung

Für die Herleitung des Querdynamikmodells wird das Eispurmodell aus Abb.
A1.1 verwendet. Mit Hilfe Kräfte- und Momentengleichgewichts können die
Bewegungsgleichungen hergeleitet werden. Für die Herleitung eines geeigneten
Längsdynamikmodells wird die Hauptgleichung des Fahrzeugs verwendet.

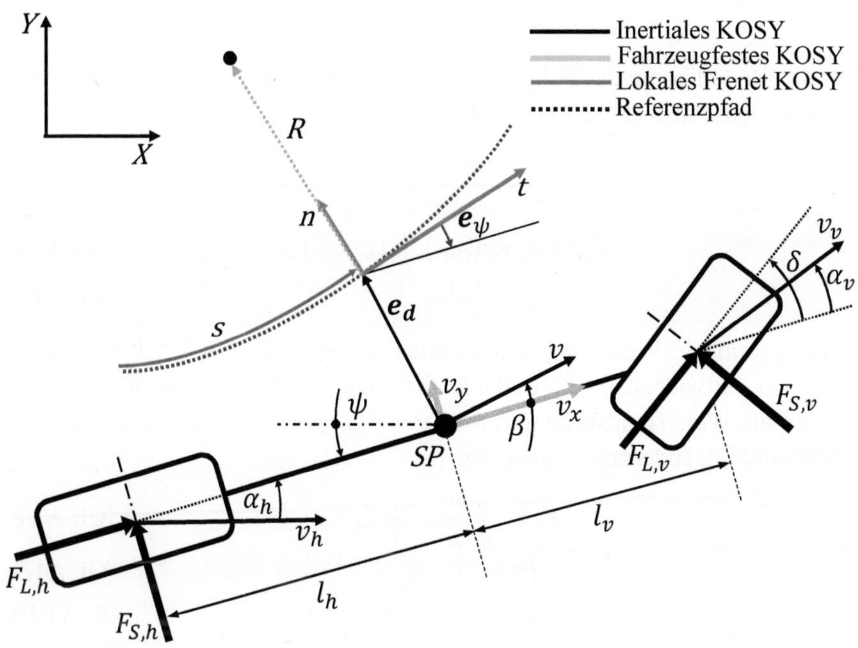

Abbildung A1.1: Darstellung des verwendeten Einspurmodells für die modellprädiktive Trajektorienplanung

A1.1 Modellierung der Fahrzeugquerdynamik

Mit Hilfe des Impuls- und Drallsatzes um den Schwerpunkt SP ergibt sich:

$$\sum F_x = 0: \qquad m\dot{v}_x = F_{v,x} + F_{h,x} - F_{W,x} + mv_y\dot{\psi} \qquad \text{Gl. A1.1}$$

$$\sum F_y = 0: \qquad m\dot{v}_y = F_{v,y} + F_{h,y} - F_{W,y} - mv_x\dot{\psi} \qquad \text{Gl. A1.2}$$

$$\sum M_z^{SP} = 0: \qquad I_z\ddot{\psi} = -F_{h,y}l_h + F_{v,y}l_v \qquad \text{Gl. A1.3}$$

Die Dynamik des Schwimmwinkels β ist wie folgt definiert:

$$mv\dot{\beta} = F_{v,y} + F_{h,y} - mv\dot{\psi} \qquad \text{Gl. A1.4}$$

Für die Modellierung des Folgefehlers wird die Fahrzeugbewegung im Frenet-Koordinatensystem (KOSY) betrachtet.

$$\dot{s} = \frac{v_x \cos(e_\psi) - v_y \sin(e_\psi)}{1 - \kappa(s)e_y} \qquad \text{Gl. A1.5}$$

$$\dot{e}_y = v_x \sin(e_\psi) + v_y \cos(e_\psi) \qquad \text{Gl. A1.6}$$

$$\dot{e}_\psi = \dot{\psi} - \dot{s}\kappa(s) \qquad \text{Gl. A1.7}$$

In $F_{W,x/y}$ sind die Widerstandskräfte berücksichtigt. $F_{W,x/y}$ beinhaltet dabei anteilig den Luftwiderstand F_{LW}, die Rollreibung F_R, die Beschleunigungskraft F_a und die Widerstandskraft aufgrund von Steigung F_{St}. Diese Widerstandskräfte sind folgendermaßen definiert:

$$F_{LW} = \frac{\rho}{2}c_W A v_{\text{res}}^2 \qquad \text{Gl. A1.8}$$

$$F_R = F_N f_R \qquad \text{Gl. A1.9}$$

$$F_a = m_F e a_x \qquad \text{Gl. A1.10}$$

$$F_{St} = m_F g \sin(\alpha_{St}) \qquad \text{Gl. A1.11}$$

Hierbei beschreibt v_{res} die resultierende Geschwindigkeit aus der Fahrzeuggeschwindigkeit v und der Windgeschwindigkeit. ρ beschreibt die Luftdichte und c_W den Strömungswiderstandskoeffizienten. f_R beschreibt den Rollwiderstandskoeffizienten. e beschreibt den Massenfaktor und α_{St} den Steigwinkel der Fahrbahn. Aus Gl. A1.1-Gl. A1.4 ist ersichtlich, dass die Fahrzeugdynamik maßgeblich durch die Reifenkräfte bestimmt wird. Die Reifenkräfte weisen ein dynamisches Verhalten auf, wie im Folgenden erläutert wird.

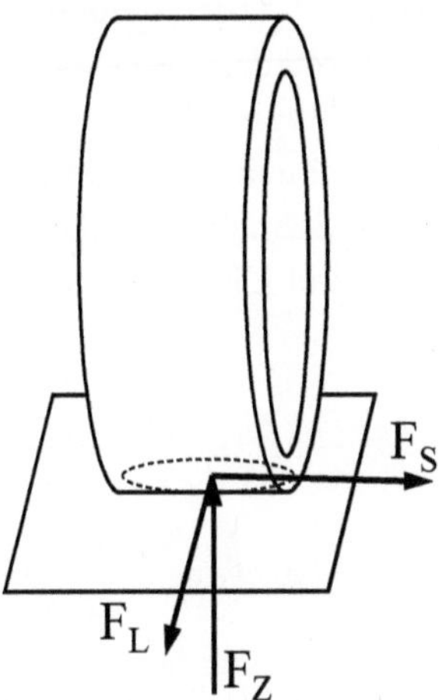

Abbildung A1.2: Darstellung der wirkenden Reifenkräfte in der Kontaktfläche von Reifen zu Fahrbahn.

A1.2 Modellierung der Reifendynamik

Wie in Abb. A1.2 zu sehen, werden in jedem Punkt der Kontaktfläche zwischen Reifen und Fahrbahn Reib- und Normalkräfte übertragen. Der Reifen an sich kann dabei als Aktuator angesehen werden, welcher ein dynamisches Verhalten bei Änderung des Betriebszustandes aufweist. Dies bedeutet, dass bei sprunghafter Änderung des Schräglaufwinkels, ein verzögerter Aufbau der Seitenkraft erfolgt (PT1-Verhalten). Die Reaktionskräfte am Reifen sind dabei durch Differentialgleichungen erster Ordnung angenähert:

$$\tau_L \dot{F}_L^{\mathrm{dyn}} + F_L^{\mathrm{dyn}} = F_L^{\mathrm{stat}} \qquad\qquad \text{Gl. A1.12}$$

$$\tau_S \dot{F}_S^{\mathrm{dyn}} + F_S^{\mathrm{dyn}} = F_S^{\mathrm{stat}} \qquad\qquad \text{Gl. A1.13}$$

$F_{L/S}^{\mathrm{dyn}}$ beschreiben dabei die tatsächlich wirkenden Reifenkräfte in Längs- bzw. Querrichtung bis zum Erreichen der stationären Kraft $F_{L/S}^{\mathrm{stat}}$. Die Totzeit τ beschreibt die Zeit die notwendig ist, bis zum Erreichen der stationären Kraft. Sie ist über die Einlauflänge folgendermaßen definiert:

$$\tau_i = \frac{\sigma_i}{r_{\mathrm{dyn}}|\omega|} \quad i = x, y \qquad\qquad \text{Gl. A1.14}$$

σ_i beschreibt die Einlauflänge, r_{dyn} den dynamischen Radhalbmesser und ω die Winkelgeschwindigkeit des Rads. Die Einlauflängen sind wiederum Funktionen des Längs- und Querschlupfs, als auch der Radlast F_Z [110]. Zur Beschreibung der Reifenkräfte können weiterhin die Schräglaufwinkel α_v und α_h herangezogen werden. Die Schräglaufwinkel stellen den Winkel zwischen dem Geschwindigkeitsvektor und Längsachse des jeweiligen Reifens dar. Sie können definiert werden als

$$\alpha_v = \delta_v - \arctan\left(\frac{v\sin\beta + l_v\dot{\psi}}{v\cos\beta}\right) \qquad \text{Gl. A1.15}$$

$$\alpha_h = \delta_h - \arctan\left(\frac{v\sin\beta - l_h\dot{\psi}}{v\cos\beta}\right) \qquad \text{Gl. A1.16}$$

$\dot{\psi}$ beschreibt dabei die Giergeschwindigkeit des Fahrzeugs, β den Schwimmwinkel und $\delta_{v/h}$ den Radlenkwinkel an der Vorder-/Hinterachse. Mit Hilfe der Kleinwinkel-Approximation

$$\sin(x) \approx x, \quad \cos(x) \approx 1 \qquad \text{Gl. A1.17}$$

können die Schräglaufwinkel vereinfacht werden zu:

$$\alpha_v = \delta_v - \beta - l_v\frac{\dot{\psi}}{v} \qquad \text{Gl. A1.18}$$

$$\alpha_h = \delta_h - \beta + l_h\frac{\dot{\psi}}{v} \qquad \text{Gl. A1.19}$$

Die stationäre Reifenseitenkraft F_S^{stat} kann mit Hilfe der Schräglaufwinkel im linearen Bereich des Reifens über folgende Beziehung beschrieben werden,

$$F_S^{\text{stat}} = c_\alpha\alpha \qquad \text{Gl. A1.20}$$

wobei c_α die Schräglaufsteifigkeit beschreibt. Die Dynamik der Reifenseitenkraft wird schließlich durch Gl. A1.20, Gl. A1.18, Gl. A1.14 und Gl. A1.13 zusammengefasst zu:

$$\dot{F}_{S,v} = \frac{-c_{\alpha,v}l_v}{\sigma_v}\dot{\psi} + \frac{c_{\alpha,v}v}{\sigma_v}\beta - \frac{v}{\sigma_v}F_{S,v} + \frac{c_{\alpha,v}v}{\sigma_v}\delta_v \qquad \text{Gl. A1.21}$$

$$\dot{F}_{S,h} = \frac{c_{\alpha,h}l_h}{\sigma_h}\dot{\psi} + \frac{c_{\alpha,h}v}{\sigma_h}\beta - \frac{v}{\sigma_h}F_{S,h} + \frac{c_{\alpha,h}v}{\sigma_h}\delta_h \qquad \text{Gl. A1.22}$$

Die Reifenkräfte sind folgendermaßen ins fahrzeugfeste Koordinatensystem (KOSY) transformiert:

$$F_{v,x} = \cos(\delta)F_{L,v} - \sin(\delta)F_{S,v} \qquad \text{Gl. A1.23}$$

$$F_{v,y} = \sin(\delta)F_{L,v} + \cos(\delta)F_{S,v} \qquad \text{Gl. A1.24}$$

$$F_{h,x} = F_{L,h} \qquad \text{Gl. A1.25}$$

$$F_{h,y} = F_{S,h} \qquad \text{Gl. A1.26}$$

A1.3 Modellierung der Fahrzeuglängsdynamik

Die Fahrzeuglängsdynamik wird mit Hilfe der Hauptgleichung des Fahrzeugs

$$F_Z = F_{LW} + F_R + F_a + F_{St} \qquad \text{Gl. A1.27}$$

hergeleitet. Dabei beschreibt F_Z die notwendige Zugkraft des Antriebs um die allgemeinen Widerstandskräfte während der Fahrt zu überwinden. Diese sind die der Luftwiderstand F_{LW}, die Rollreibung F_R, die Beschleunigungskraft F_a und die Widerstandskraft aufgrund von Steigung F_{St}. Diese Widerstandskräfte sind folgendermaßen definiert:

$$F_{LW} = \frac{\rho}{2}c_W A v_{res}^2 \quad \text{, mit} \quad v_{res} = v_F + v_{\text{wind}} \qquad \text{Gl. A1.28}$$

$$F_R = F_N f_R \qquad \text{Gl. A1.29}$$

$$F_a = m_F e a_x \qquad \text{, mit} \quad e = 1 + \frac{I_{red}}{r_{dyn}^2 m_F} \qquad \text{Gl. A1.30}$$

$$F_{St} = m_F g \sin(\alpha_{St}) \qquad \text{Gl. A1.31}$$

Hierbei beschreibt ρ die Luftdichte und c_W den Strömungswiderstandskoeffizienten. f_R beschreibt den Rollwiderstandskoeffizienten. e beschreibt den Massenfaktor und α_{St} den Steigungswinkel der Fahrbahn. Die Bewegungsgleichungen in Längsrichtung ist mit Hilfe des zweiten Newton'schen Gesetzes hergeleitet:

$$\sum F_x = 0 : \qquad m\dot{v}_x = F_{x,r} + F_{x,f}\cos(\delta) - F_{y,f}\sin(\delta) \qquad \text{Gl. A1.32}$$
$$+ m v_y \dot{\psi} \ (+F_{x,\text{Stör}})$$

Die longitudinale Störkraft $F_{x,\text{Stör}}$ fast alle wirkenden Störkräfte zusammen, welche in Gl. A1.28-Gl. A1.31 beschrieben sind.

$$F_{x,\text{Stör}} = F_{LW} + F_R + F_{St} \qquad\qquad \text{Gl. A1.33}$$

Mit Hilfe der Kleinwinkel-Approximation aus Gl. A1.17 kann (Gl. A1.32) folgendermaßen vereinfacht werden:

$$\dot{v}_x = \frac{1}{m}\big(\underbrace{F_{x,r} + F_{x,f}}_{F_x} + \underbrace{(-F_{y,f}\delta + mv_y\dot{\psi} + F_{x,\text{Stör}})}_{F_{x,\text{Stör}}}\big) \qquad \text{Gl. A1.34}$$

$$= \frac{1}{m}(F_x + F_{x,\text{Stör}})$$

$$= \frac{F_x}{m} + a_{x,\text{Stör}}$$

Auch für den Aufbau der Reifenlängskraft F_x muss die Dynamik des Reifens berücksichtigt werden. Mit

$$F_x^S = \frac{M}{r_{\text{dyn}}} \qquad\qquad \text{Gl. A1.35}$$

wird Gl. A1.35 so umformuliert, dass das Gesamtmoment M als Stellgröße für den Längsregler verwendet wird. Als Zustandsvektor für die Längsdynamik resultiert damit $x = [v_x, F_x]$. Als Stellgröße wird $u = M$ definiert. Als Störgröße wird die Störbeschleunigung $w = a_{x,\text{Stör}}$ gewählt, welche in Gl. A1.34 beschrieben ist. Dadurch kann die Längsdynamik in Zustandsraumdarstellung wie folgt definiert werden:

$$\dot{x} = Ax + Bu + Ew \qquad\qquad \text{Gl. A1.36}$$

$$= \begin{bmatrix} 0 & \dfrac{1}{m} \\ 0 & -\dfrac{1}{\tau_T} \end{bmatrix} x + \begin{bmatrix} 0 \\ \dfrac{1}{\tau_T r_{\text{dyn}}} \end{bmatrix} u + \begin{bmatrix} -1 \\ 0 \end{bmatrix} a_{x,\text{Stör}}$$

A.2 Sensitivitätsanalyse

Der Einfluss von Fahrzeugparametern auf die Fahrzeugdynamik kann mit Hilfe einer Sensitivitätsanalyse bestimmt werden. Im Hinblick auf Fahrdynamiksimulationen hilft sie festzustellen, welche Modellparameter den relevantesten

Einfluss auf das Fahrverhalten haben. Bei der Sensitivitäsanalyse unterscheidet man zwischen einer lokalen und globalen Analyse.

Die Methode der lokalen Sensitivitätsanalyse (LSA) untersucht den quantitativen Einfluss, den ein Modellparameter auf den Ausgang des Systems hat. Auf diese Weise können die verschiedenen Fahrzeugparameter nacheinander verändert und der Einfluss auf das Fahrverhalten untersucht werden. Ein Nachteil der LSA ist, dass man die Auswirkungen verschiedener Kombinationen von Parametersätzen nicht bestimmen kann, da jeweils nur ein Parameter variiert wird, während die anderen konstant bleiben. Die globale Sensitivitätsanalyse (GSA) konzentriert sich auf den qualitativen Einfluss einer Reihe von Parametern auf die Modellausgabe. Bei dieser Methode wird jeder Parameter innerhalb seines zulässigen Wertebereichs variiert, während die verbleibenden Parameter gleichzeitig ebenfalls variiert werden. Die GSA ist zeitaufwändiger und komplexer, da sie eine große Anzahl von Permutationen und Kombinationen von Modellparametern erzeugt und analysiert.

Da das Ziel der Sensitivitätsanalyse darin besteht, die Parameter zu bestimmen die den größten Einfluss auf das Fahrzeugverhalten haben, wird die LSA verwendet. Anhand einer stationären Kreisfahrt und eines doppelten Spurwechsels sollen die Einflüsse der Fahrzeugparameter dargestellt werden. Dabei wird speziell die Gierratenverstärkung des Fahrzeugs auf die Parameteränderungen untersucht. Diese ist definiert als:

$$y_{\dot\psi} = \frac{\dot\psi}{\delta_f} \qquad\qquad \text{Gl. A1.37}$$

Die relevanten Fahrzeugparameter des linearen Einspurmodells werden um +/- 30% variiert. Diese sind die Fahrzeugmasse m, die Lage des Schwerpunktes SP, das Trägheitsmoment um die Fahrzeughochachse I_z, als auch die Achssteifigkeiten an Vorder- und Hinterachse, c_v und c_h. Die Sensitivität eines Parameters (p_i) wir über den Mittelwert der relativen Abweichung (normiert) bestimmt:

$$\epsilon_{y_{\dot\psi}} = 1 + \frac{y_{\dot\psi}(\Delta p_i) - y_{ref,\dot\psi}}{y_{ref,\dot\psi}} \qquad\qquad \text{Gl. A1.38}$$

Dabei beschreibt $y_{ref,\dot\psi}$ die Gierratenverstärkung des Fahrzeugs bzgl. des ursprünglichen Parametersatzes. Mit $y_{\dot\psi}(\Delta p_i)$ ist die Gierratenverstärkung bzgl.

der Parametervariation Δp_i gemeint. Für die stationäre Kreisfahrt ist in der Simulation ein Radius von 80 m gewählt, gemäß der Regulierung in [52]. In Abb. A1.3 ist zu sehen, dass die Achssteifigkeiten des Fahrzeugs c_f und c_h zusammen mit der Lage des Schwerpunktes bei allen simulierten Geschwindigkeiten die größte Sensitivität aufweisen. Hingegen zeigen die Fahrzeugmasse m und das Trägheitsmoment I_z, unabhängig von der Geschwindigkeit, keine nennenswerte Sensitivität.

Für die Untersuchung der Sensitivität bei höherdynamischen Manövern, wird dasselbe Vorgehen für den doppelten Spurwechsel nach [51] durchgeführt. Da dieses Manöver zu hohen Schräglaufwinkel führt und den Reifen damit in den nichtlinearen Bereich der Reifenquerkräfte führt, macht es für diese Auswertung keinen Sinn auf ein lineares Reifenmodell zu setzen. Deswegen wird für diese Untersuchung das Reifenmodell nach Pacejka verwendet:

$$F_y = D \cdot \sin\left(C \cdot \arctan\left(B \cdot \alpha - E \cdot (B \cdot \alpha - \arctan(B \cdot \alpha))\right)\right)$$

Gl. A1.39

$$D = \mu \cdot F_z$$

$$B = \frac{c_y \cdot F_z}{C \cdot D} = \frac{c_y}{\mu \cdot C}$$

$$\mu = \mu_0 \cdot \left(1 - \mu_1 \cdot (F_z - F_{z0})\right)$$

$$c_y = c_{y0} \cdot \frac{1 - c_{y1} \cdot (F_z - F_{z0})}{2}$$

Wie in Gl. A1.39 zu sehen, wird die Reifenquerkraft F_y in Abhängigkeit des Reibwerts μ, der Radlast F_z, dem Schräglaufwinkel α, dem Steifigkeits-Faktor B, dem Form-Faktor C und dem Krümmungs-Faktor E modelliert. In Abb. A1.4 ist zu sehen, dass in diesem höherdynamischen Manöver nun die Fahrzeugmasse m und das Trägheitsmoment um die Fahrzeughochachse I_z eine deutlich größere Sensitivität aufweisen als in der stationären Kreisfahrt.

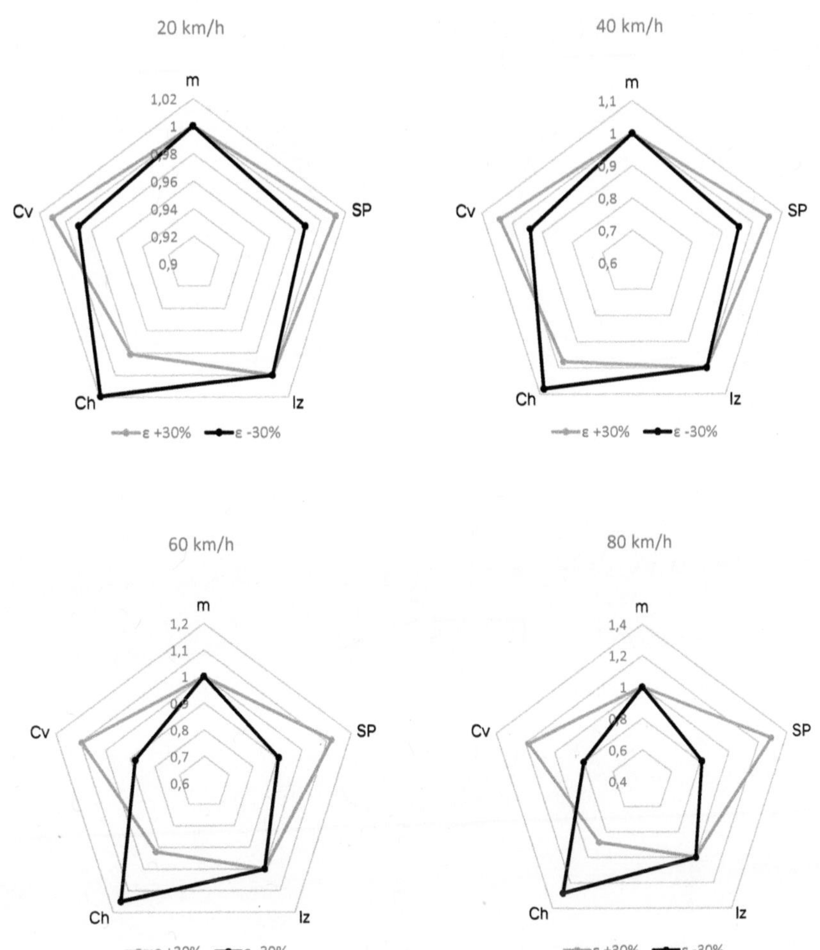

Abbildung A1.3: Sensitivitätsanalyse des linearen Einspurmodells anhand einer stationären Kreisfahrt für unterschiedliche Geschwindigkeiten

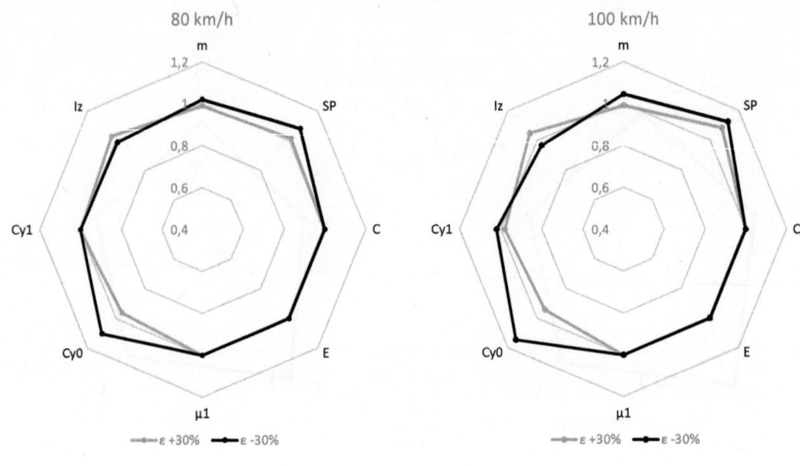

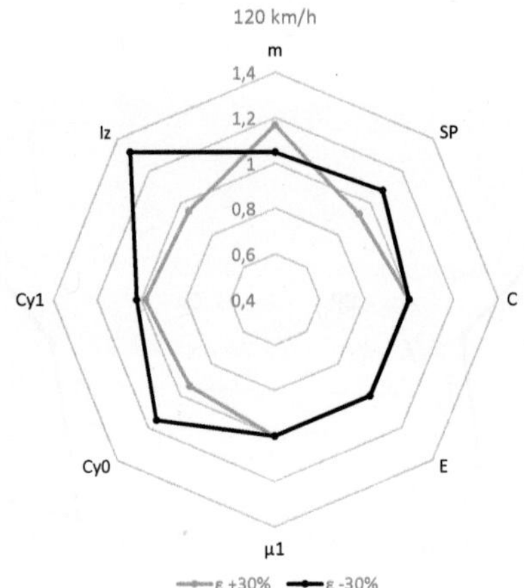

Abbildung A1.4: Sensitivitätsanalyse des linearen Einspurmodells anhand eines doppelten Spurwechsels für unterschiedliche Geschwindigkeiten

A.3 Trajektorienfolgeregler für die Längsdynamik

Für den Reglerentwurf der Fahrzeuglängsdynamik wird das Längsdynamik-modell in Zustandsraumdarstellung aus Gl. A1.36 verwendet. In Abb. A1.5 ist ersichtlich, dass die Störkräfte bzw. die Störbeschleunigung $a_{x,Stör}$, welche primär aus dem Luftwiderstand resultieren, einen relevanten Einfluss auf das Geschwindigkeits-Übertragungsverhalten haben.

Die Längsregler ist gegeben durch:

$$K_1 = \frac{0.097s^3 + 1.27 \cdot 10^6 s^2 + 8.5 \cdot 10^7 s + 7.22 \cdot 10^8}{s^4 + 196.1s^3 + 1.15 \cdot 10^4 s^2 + 2.3 \cdot 10^5 s + 196.1} \qquad \text{Gl. A1.40}$$

$$K_2 = \frac{-6.4s^3 - 8.32 \cdot 10s^2 - 9.04 \cdot 10^8 s - 7.22 \cdot 10^8}{s^4 + 196.1s^3 + 1.15 \cdot 10^4 s^2 + 2.3 \cdot 10^5 s + 196.1}$$

wobei K_1 die Vorsteuerung abbildet und K_2 den Rückkopplungs-Regler.

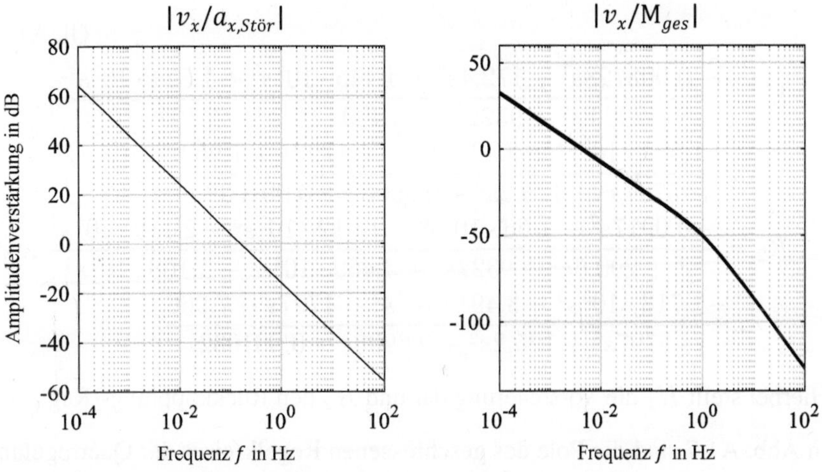

Abbildung A1.5: Bode Diagramm der Fahrzeug Längsdynamik

In Abb. A1.6 sind die Pole des geschlossenen Regelkreises zu sehen. Alle Pole des nominellen Systems, als auch die Pole des unsicheren Regelkreises befinden sich in der linken Halbebene, wodurch gezeigt wird, dass der Längsregler den geschlossenen Regelkreis intern stabilisiert.

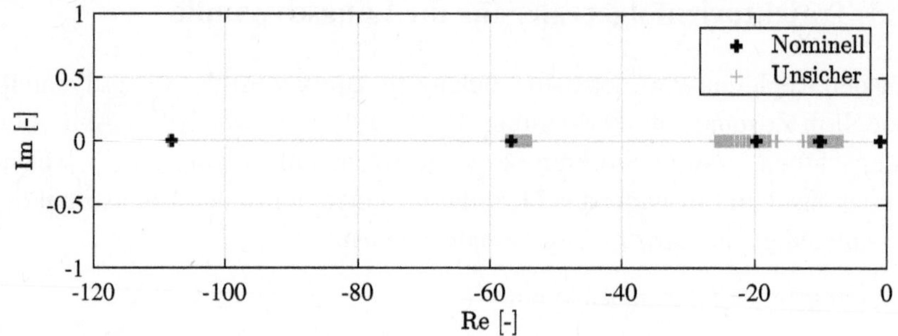

Abbildung A1.6: Pole des geschlossenen Regelkreises für die Längsregelung

A.4 Trajektorienfolgeregler für die Querdynamik

Die Querregler ist gegeben durch:

Gl. A1.41

$$K_1 = \frac{-0.003728s^7 + 172.4s^6 + 4.445 \cdot 10^4 s^5 + 1.524 \cdot 10^5 s^4}{s^8 + 290.6s^7 + 9322s^6 + 3.469 \cdot 10^4 s^5 + 5.108 \cdot 10^4 s^4} \cdots$$

$$\cdots \frac{+1.584 \cdot 10^5 s^3 + 3.42 \cdot 10^4 s^2 + 1792s + 7.959}{+5797s^3 + 125.2s^2 + 0.6905s + 0.001032}$$

$$K_2 = \frac{-0.0917s^7 - 1.66 \cdot 10^4 s^6 - 1.012 \cdot 10^5 s^5 - 2.119 \cdot 10^5 s^4}{s^8 + 290.6s^7 + 9322s^6 + 3.469 \cdot 10^4 s^5 + 5.108 \cdot 10^4 s^4} \cdots$$

$$\cdots \frac{-1.713 \cdot 10^5 s^3 - 3.491 \cdot 10^4 s^2 - 1797s - 7.966}{+5797s^3 + 125.2s^2 + 0.6905s + 0.001032}$$

Hierbei stellt K_1 die Vorsteuerung dar und K_2 den Rückkopplungs-Regler.

In Abb. A1.7 sind die Pole des geschlossenen Regelkreises der Querregelung zu sehen. Alle Pole des nominellen Systems, als auch die Pole des unsicheren Regelkreises befinden sich in der linken Halbebene, wodurch gezeigt wird, dass auch der Querdynamik-Regler den geschlossenen Regelkreis intern stabilisiert.

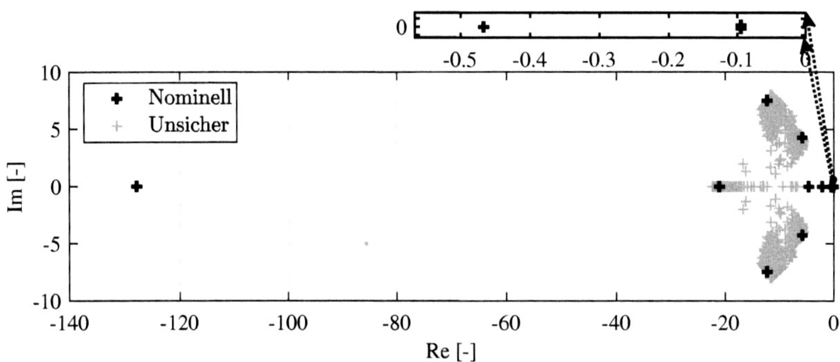

Abbildung A1.7: Pole des geschlossenen Regelkreises für die Regelung der Fahrzeugquerdynamik